실험실습과 수질환경 기사시험을 대비한

대학 수질분석 실험

박운지·이동석 共著

21세기사

본 서적은 대학교육과 수질기사 자격시험에 실용적으로 대비하는 수질분석 실험 책을 꾸미고자 기본적인 수질 분석 항목만을 간추려서 이용하기 쉽게 출판하였다.

머리말

지구가 탄생하고 사람과 생물이 존재하면서 사용하기 시작한 물은 자연계에서 그 순환을 통해 끊임없이 이용되고 있다. 사람이 사용하는 물의 양은 산업화 이후 급격히 늘어났다. 과학 기술의 발달과 더불어, 인구의 도시집중, 삶의 질 향상에 대한 욕구 등으로 사람이 이용하는 물의 사용처가 다양해지고 그 양은 크게 늘어났으며, 그 과정에서 물에 함유되는 물질의 종류와 농도도 증가하였다. 이는 결국 수질에 대한 관심을 일으키게 되었다. 이제 수질분석은 환경관리를 위한 전 지구적인 관심사 일 뿐 아니라 개인의 삶의 질과도 연관된 중요한 작업이므로, 환경 분야에서 일하는 공학자와 과학자에게 수질분석 실험은 환경문제를 파악하고 해결하는 첫 과정이자 핵심 작업이 되었다.

수질분석에 대한 기술 자료는 우리나라 환경부에서 집대성한 수질오염 공정시험기준이나 미국 환경청 (US EPA) 등의 자료집에서 상세히 다루고 있으나 그 양이 매우 방대하다. 이 교재는 대학의 한 학기 강의와 환경공학 · 과학 및 관련 분야 학생들이 준비하는 국가기술자격검정 수질환경기사 작업형 실기시험을 고려하여 만들었다. 많은 수질분석 실험항목 중에서 연구와 산업 현장에서 가장 많이 수행되는 기본적인 항목을 선정하였으며, 대학 한 학기 수업에서 실제 수행 할 수 있는 정도의 분량으로 편집하고자 하였다. 각 분석항목을 실험한 후에는 실험결과의 기록뿐 아니라 실험에 관련된 기본적인 문제를 제시하여 항목별 필요사항을 자가 학습토록 유도하였다.

한편 매 실험이 끝난 후에는 각자 수행한 실험에서 발생되는 폐기물의 종류와 양을 기록하도록 하여, 실험수행 뿐 폐기물 처리까지의 전 과정을 고려해보는 실험실습을 제시하였다. 이는 환경관련 분야의 전문가로 활동하기 위해 대학에서 환경공학이나 과학 또는 관련 분야를 전공하는 사람들이 반드시 생각해 보고 실제 실행해야할 점이다. 환경에 대한 지속적인 관심과 노력은 전문가가 반드시 갖추어야 할 소양이다.

실용적인 교재를 꾸미려는 저자들의 노력에도 불구하고 부족한 점이 많으리라 생각된다. 많은 지도와 조언을 부탁드리며, 저자들은 더 충실한 교재가 되도록 계속 노력할 예정이다. 끝으로 이 책이 나오도록 도와주신 도서출판 관계자 분들께 감사드린다.

물의 도시 봄내(春川) 연구실에서

박운지 · 이동석

목 차

제 1 장

수질분석실험 기본

1.1 기본단위

1.1.1 단위 및 기호

수질실험에서 사용하는 단위 및 기호는 국제단위계(International System of Units, SI)를 이용하여 나타낸다. SI 단위는 7개의 기본 단위와[표 1], 기본단위를 조합하여 나타내는 유도단위가 있다.[1] 수질실험에서는 농도나 용액의 부피를 나타내기 위해 mg/L, mol/L, L 등의 유도단위를 사용한다.

[표 1] SI 기본 단위

기본량	명칭	기호
길이	미터	m
질량	킬로그램	kg
시간	초	s
전류	암페어	A
물질량	몰	mol
광도	칸델라	cd
열역학적 온도	켈빈	K

1) SI 단위와 관련한 상세내용은 https://www.bipm.org에서 확인 가능함

1.1.2 농도 표시

1) 몰분율/질량분율/백분율/천분율/백만분율

① 몰분율(mol fraction): 전체 몰(mol)수에 대한 특정 성분의 몰수로서 나타낸다.

② 질량분율(mass fraction): 전체 질량에 대한 특정 성분의 질량을 나타낸다(=질량비)

③ 백분율(%, parts per hundred)

- 무게 대 부피 백분율(W/V%): 용액 100 mL 중의 특정 성분 무게 g으로 나타낸다. 일반적으로 용액의 농도를 "%" 로만 표시할 때는 W/V %를 말한다.
- 부피 백분율(V/V%): 용액 100 mL 중의 특정 성분 부피 mL로 나타낸다(=체적비). 체적비에 100을 곱하여 표현한다.
- 질량 백분율(W/W%): 용액 100 g 중 성분 무게 g으로 나타낸다. 질량분율에 100을 곱하여 표현한다.

예시 염화나트륨(NaCl) 20 g을 정제수 80 g에 녹였다. 이 용액에서 NaCl의 질량 백분율은 얼마인가?

풀이 NaCl 질량백분율 (%) =

$$\frac{\text{용질의 질량}}{\text{용액의 질량}}\times 100 = \frac{\text{용질의 질량}}{(\text{용매의질량}+\text{용질의질량})}\times 100$$

$$= \frac{20g}{80g+20g}\times 100 = 20\%$$

④ 백만분율 (ppm, parts per million): ppm은 10^{-6}, 즉 100만분의 1이며, mg/L, mg/kg으로 표시한 값에 해당한다.

⑤ 십억분율 (ppb, parts per billion): ppb는 10^{-9}, 즉 10억분의 1이며, mg/m³, mg/ton으로 표시한 값에 해당한다.

⑥ 일조분율 (ppt, parts per trillion): ppt는 10^{-12}, 즉 1조분의 1이다.

2) 몰농도/노르말농도/몰랄농도

① 몰농도(molarity, mol/L) : 용액 1 L에 함유된 용질의 몰 수로, 기호는 M을 표시한다.

$$M(\frac{mol}{L}) = \frac{용질(mol)}{용액(L)} = (\frac{순질량(g)}{용액(L)} \times \frac{1}{분자량(g/mol)})$$

② 노르말농도(normality, eq/L) : 용액 1 L에 함유된 용질의 g 당량수로, 기호는 N으로 표시한다.

$$N(\frac{eq}{L}) = \frac{용질의\ g당량}{용액(L)} = (\frac{순질량(g)}{용액(L)} \times \frac{1}{(\frac{분자량}{가수})(\frac{g}{eq})})$$

여기서, 당량(equivalent, eq)은 분자량을 양이온의 가수(또는 산화수)로 나눈 값 또는 원자량을 원자가로 나눈 값을 말한다. g 당량은 1당량(eq)의 질량(g)을 말하며, 단위는 g/eq 이다.

예시 NaOH 80 g을 정제수에 녹여 1 L로 했을 때, 노르말농도(N)는 ?

풀이 여기서, 순질량은 80 g. 용액 1 L임. NaOH 양이온 가수는 1.

당량(eq) = NaOH 분자량/가수 = 40 g/1 = 40 g

→ (g 당량) 1eq = 40g 임 (= 40 g/eq)

따라서, $N(\frac{eq}{L}) = (\frac{80g}{1L} \times \frac{1}{\frac{40g}{eq}}) = 2\ eq/L = 2\ N$

③ 몰랄농도 (molality, mol/kg) : 용매 1 kg에 함유된 용질의 몰수를 나타낸다.

$$m(\frac{mol}{kg}) = \frac{용질(mol)}{용매(kg)} = (\frac{순질량(g)}{용매(kg)} \times \frac{1}{분자량(g/mol)})$$

1.2 실험기구

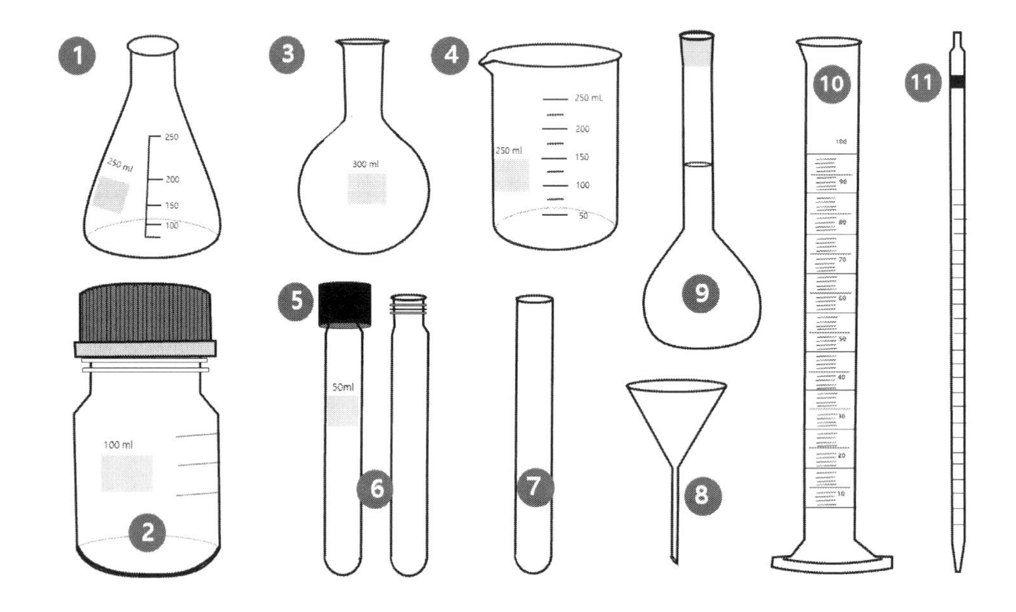

① 삼각 플라스크(Erlenmeyer flask) : 용량은 25-5,000 mL까지 다양함. 용액을 담아 가열, 혼합, 적정 등에 이용

② 메디아 병(Media bottle) : 사용목적에 따라 시약병, 분해병, 멸균병, 배양병이라고도 불림. 용액 보관, 가열(예-내열성이 강해 고온고압에서 진행되는 TN, TP 실험에 이용) 등에 이용

③ 둥근바닥 플라스크(Round bottomed flask) : 액체 증류시 이용 (예-COD_{Mn} 실험시 사용)

④ 비이커(Beaker) : 용액을 담거나 시약제조, 가열, 혼합 및 적정시 등 다양한 곳에 이용

⑤ 나사형 마개(Screw cap)

⑥ 나사형 시험관(Screw capped test tube) : 마개가 있는 유리관으로 용액 혼합 및 가열 등에 이용(예-COD_{Cr} 시험시 이용).

⑦ 시험관(Test tube) : 마개가 없는 형태의 유리관으로 용액 혼합 및 가열등에 이용.

⑧ 깔때기(Funnel) : 고체 또는 액체 시약 등을 일반적으로 입구가 작은 병에 주입할 때 이용

⑨ 부피플라스크(Volumetric flask) : 정확한 부피(또는 농도)의 용액 제조시 이용.

⑩ 눈금매긴 실린더(Graduated cylinder) : 대략적인 용액의 부피 측정시 이용. 용량을 빨리 측정할 수 있으나 계량 오차가 큰 편임.

⑪ 피펫(Pipette) : 액체의 양(부피)을 측정하여 옮길 때 사용.

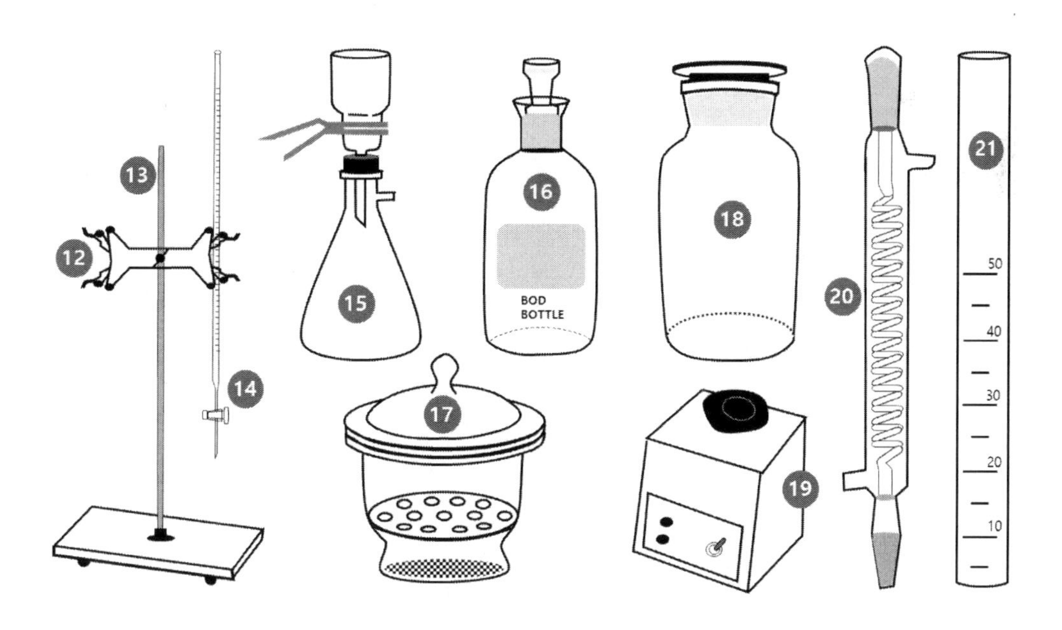

⑫ 뷰렛 클램프(Burette clamp) : 뷰렛을 잡아주는(고정) 집게

⑬ 뷰렛 스탠드(Burette clamp) : 뷰렛을 지탱해주는 지지대

⑭ 뷰렛(Burette) : 적정 등에서 정확한 부피로 용액을 주입하기 위한 용도로 이용

⑮ 여과장치(Filtration set) : 시료를 통과시켜 거르는 장치. 부유물질(SS) 측정 시 이용.

⑯ BOD 병(BOD bottle) : BOD 측정 시 이용하는 병

⑰ 데시케이터(Desiccator) : 건조제(실리카겔, 염화칼슘, 진한황산 등)를 넣어 고체물질을 건조하거나 흡습성 물질을 보존하는데 이용

⑱ 광구시약병(Wide mouth bottle) : 시약 및 용액의 보관을 위해 이용

⑲ 볼텍스 믹서(Vortex mixer) : 시험관내 용액 혼합시 이용(예-COD_{Cr} 시험 시 이용).

⑳ 냉각기(Graham (coiled type) condenser) : 증류시 나오는 기체를 냉각수를 이용해 빠르게 액화시킬 때 이용(예-COD_{Mn} 시험 시 이용).

㉑ 비색관(Nessler tube) : 시각에 의한 색 비교 시 이용되는 유리재질의 관. 용량이 표시되어 있어 용액 분취시에도 이용함(예-TN, TP 시험 등에 이용).

1.3 시료채취 및 보존방법

1.3.1 시료 채취

시료 채취라 함은 시료의 채취부터 보존, 운송 등 전 과정을 포함한다. 시료는 수질을 정확히 대표할 수 있는 시료를 채취하여, 운반하는 동안 조성의 변화가 일어나지 않도록 해야 한다.

1) 하천수 등 수질조사를 위한 시료채취

시료는 현장의 성질을 대표할 수 있도록 채취해야 하며, 시료채취시에는 유량, 유속등의 시간에 따른 변화를 고려할 필요가 있다. 하천은 기상등의 영향을 많이 받아 수질 및 유량의 변화가 심하게 나타날 수 있으며, 변화가 심하다고 판단될 때에는 시료채취 횟수를 늘린다. 그리고 채취한 시료는 채취시의 유량에 비례하여 시료를 혼합 후 단일혼합시료로 한다.

하천수의 시료채취 장소는 하천수의 오염 및 용수의 목적에 따라 채수지점을 선정하며, 하천본류와 하전지류가 합류하는 경우에는 [그림 1]과 같이 합류이전의 각 지점과 합류이후의 지점에서 각각 채수한다.

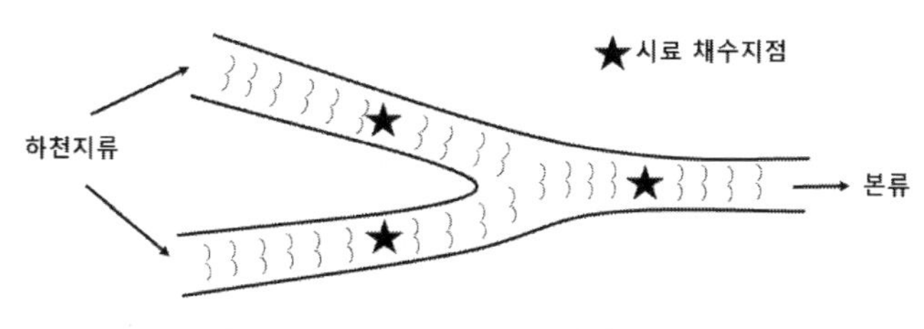

[그림 1] 하천수의 시료채취 지점

하천단면에서 수심이 가장 깊은 지점의 수면을 중심으로 하여 좌우로 수면폭을 2등분한 각각의 지점의 수면으로 부터 수심 2 m미만일 때에는 수심의 1/3 지점에서, 수심이 2 m 이상일 때에는 수심의 1/3 및 2/3에서 각각 채수한다[그림 2]. 이외의 경우에는 시료채취 목적에 따라 필요하다고 판단되는 지점 및 위치에서 채수한다.

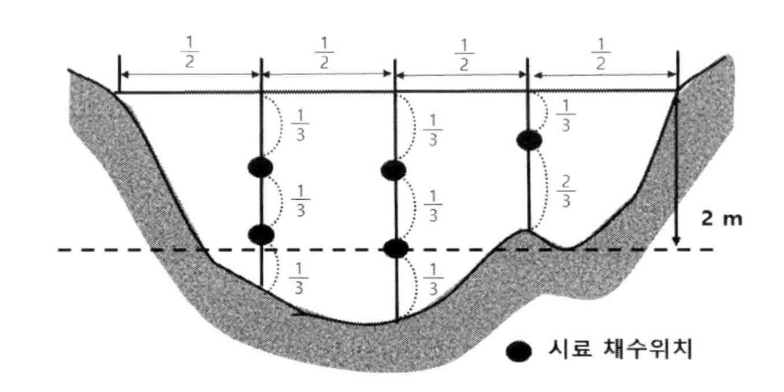

[그림 2] 하천수의 시료채취 위치

2) 배출시설(배출허용기준 적합여부 판정 시)에서의 시료채취

하·폐수 배출시설에서는 배출허용기준 적합여부 판정을 위해서 시료를 채취한다. 이때 채취하는 시료는 유량, 유속, 시료의 성상 등의 시간에 따른 변화 및 현장 시설의 구조등을 고려하여 대표성 있는 시료를 채취하여야 하며, 일반적으로 복수채취를 원칙으로 한다. 복수시료 채취방법으로는 자동 또는 수동으로 채취하는 방법이 있으며, 자동시료채취기로 시료를 채취할 경우, 6시간 이내에 30분 이상 간격으로 2회 이상 채취하여 단일 시료로 한다. 수동으로 채취할 경우에는 30분 이상 간격으로 2회 이상 채취 하여 일정량의 단일시료로 한다. 단, 부득이한 사유로 6시간 이상 간격으로 채취한 시료는 측정분석 후, 산술평균하여 산출한다. 시료 성분이 유실 또는 변질 등의 우려가 있는 경우(대장균군, 시안(CN) 등)에는 30분 이상 간격으로 2개 이상의 시료를 채취하여 각각 분석 후 산술평균하여 결과를 산출한다.

배출시설에서의 시료채취는 [그림 3]과 같이 방지시설을 거칠 경우에는 처리 후 최초 방류지점(①, ②, ③)에서 채취해야 하며, 방지시설이 없을 경우 배출시설에서 방류되는 지점(④)에서 시료를 채취해야 한다. 폐수의 방류수로가 한지점 이상일 때에는 각 수로별로 채취하여 별개의 시료로 하며 필요에 따라 부지 경계선 외부의 배출구 수로에서도 채취(⑤. ⑥. ⑦)할 수 있다.

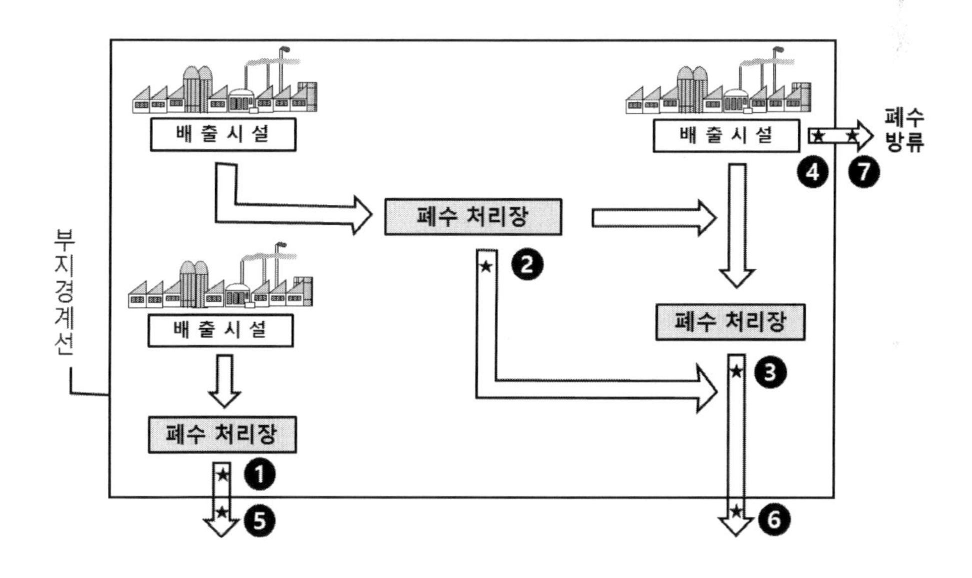

[그림 3] 배출시설등에서의 시료채취 지점

3) 시료채취시 유의사항

① 시료는 목적 시료의 성질을 대표할 수 있도록 적정 위치 및 지점에서 채수기(또는 시료채취용기)를 이용하여 채취한다.

② 수질 및 유량 변화가 심할 경우에는 시료의 채취횟수를 늘리고, 이때 시료는 혼합하

여 단일 시료로 한다.

③ 시료채취 용기는 시료를 채우기 전에 시료로 3회 이상 세척한 후 사용하며, 용기에 시료를 채울 때에는 시료 교란이 일어나지 않도록 하여 가능한 공기와의 접촉이 없도록 가득 채워 짧은 시간에 채취한다.

④ 채취한 시료는 가능한 바로 실험해야 하며, 그렇지 못할 경우에는 시료의 보존방법에 의거하여 규정된 시간내에 분석한다.

⑤ 시료채취량은 시험항목 및 시험횟수에 따라 다르나 보통 3-5 L정도 채수한다.

⑥ 유류 또는 부유물질 등이 함유된 시료는 균질성이 유지될 수 있도록 채취한다.

⑦ 시료채취시 시료채취시간, 보존제 사용여부 등 분석결과에 영향을 미칠 수 있는 특이사항을 작성하여 분석자가 참고할 수 있도록 한다.

⑧ 현장에서 용존산소(DO) 측정이 어려운 경우에는 준비한 300 mL BOD병에 시료를 가득 넣고 황산망간 용액 1 mL와 알칼리성 요오드화칼륨-아자이드화나트륨 용액 1 mL를 넣는다(산소고정 단계). 그리고 기포가 남지 않게 조심하여 마개를 닫고 병을 수회 회전한 후, 실험실로 가져와 암소에 보관하여 8시간 이내 측정한다.

1.3.2 시료의 보존방법

채취된 시료를 즉시 실험할 수 없을 때에는 따로 규정이 없는 한 [표 1]의 보존방법(책에 수록된 측정항목만 제시함)에 따라 진행한다.

[표 1] 시료의 보존방법

항목		시료 용기1)	보존방법	최대보존기간 (권장보존기간)
온도		P, G	-	즉시 측정
수소이온농도		P, G	-	즉시 측정
부유물질		P, G	4 ℃ 보관	7일
용존산소	적정법	BOD병	현장에서 용존산소 고정 후 암소 보관	8시간
	전극법	BOD병	-	즉시 측정
생물화학적 산소요구량		P, G	4 ℃ 보관	48시간(6시간)
화학적 산소요구량		P, G	4 ℃ 보관, H_2SO_4로 pH 2이하	28일(7일)
총 유기탄소 (용존유기탄소)		P, G	즉시 분석 또는 HCl 또는 H_3PO_4 또는 H_2SO_4를 가한 후(pH〈2) 4℃ 냉암소에서 보관	28일(7일)
총질소		P, G	4 ℃ 보관, H_2SO_4로 pH 2이하	28일
암모니아성 질소		P, G	4 ℃ 보관, H_2SO_4로 pH 2이하	28일(7일)
아질산성 질소		P, G	4 ℃ 보관	48시간(즉시)
질산성 질소		P, G	4 ℃ 보관	48시간
총인		P, G	4 ℃ 보관, H_2SO_4로 pH 2이하	28일
인산염인		P, G	즉시 여과한후 4 ℃ 보관	48시간
염소이온		P, G	-	28일
클로로필 a		P, G	즉시 여과하여 -20℃ 이하에서 보관	7일(24시간)

1) P : polyethylene, G : glass

1.4 실험실에서의 폐기물 처리

1.4.1 액상폐기물 (실험실폐액)

1) 실험실에서 발생하여 처리해야할 액상폐기물 (실험실폐액) 범위는 환경적으로 위해성이 있는 실험폐수 및 초자기구의 세척수이며, 처리 절차에 따라 실험실이 속한 기관의 연구실안전관리관리센터에서 지급하는 폐수수거용기만 사용하여 배출해야 한다.

2) 액상 폐기물 배출시 다음과 같은 사항에 유의해야 한다.

① 수집된 용기는 누출되지 않도록 마개를 꼭 막은 후 지정된 장소로 옮긴다.

파손 혹은 마개를 막지 않아 누출되는 용기 및 전표가 없는 용기는 수거 되지 않는다.

② 폐수용기에 실험폐수 이외의 고형물을 투입하지 말아야 한다.

③ 철제용기에 담긴 폐액은 폐수용기에 옮겨 담고 철제용기는 빈 상태로 따로 접수한다.

④ 미사용 폐시약은 별도 처리해야한다.

⑤ 폐액처리 시 반드시 2인 이상이 보호구(보안경, 장갑, 실험복, 발등을 덮는 신발 등)를 착용 후 실시하고, 실험폐수의 보관 및 운반과정에서 발생할 수 있는 안전사고에 항시 대비해야한다.

1.4.2 고상폐기물

1) 실험실에서 발생하여 처리해야할 고상폐기물 범위는 1회용 실험기구(글러브, 팁, 플라스틱 피펫 등), 시약병 및 초자를 포함한 지정폐기물이며, 처리 절차에 따라 실험실이 속한 기관의 연구실안전관리관리센터에서 지급하는 폐수수거용기만 사용하여 배출해야 한다.

2) 고상 폐기물 배출시 다음과 같은 사항에 유의해야 한다.

① 시약병은 반드시 내용물 없는 공병으로 접수하며, 유리시약병, 플라스틱시약병, 유리초자로 분리하여 배출해야한다. 이때 시약이 미량이라도 남아 있을 경우 배출 처리해서는 안된다.

② 바이알, 바틀 등의 실험 기구는 내용물이 없는 상태로 배출 접수해야한다.

③ 의료폐기물(주사기, 주사 바늘, 멸균처리 안된 배지 등)은 해당 기관에서 자체처리한다.

④ 실험용 글러브, 실린지, 피펫, 시약이 묻은 킴와이프스 등 실험용 기구는 고상폐기물로 처리한다.

⑤ 시약병과 피펫 등 유리로 된 폐기물과 비닐을 뚫을 가능성이 있는 모든 폐기물은 반드시 박스에 분리하여 처리하며, 그 외 폐기물은 비닐봉투에 포장 후 처리한다.

⑥ 폐기물 박스, 또는 비닐봉투 겉면에 고형폐기물 스티커를 작성하여 부착 후 폐기물 처리 의뢰서를 작성하여 제출해야 한다.

[그림 1] 실험실 액상 및 고상 폐기물 처리 흐름도

모든 처리 전 의문 사항은 반드시 실험실이 속한 해당 기관의 연구실안전관리센터로 연락하여 미리 상의해야 한다.

제 2 장

수질 항목별 시험분석

2.1 수소이온농도 (pH)

2.1.1 개요

수소이온농도(pH)는 물속의 산성 또는 알칼리성의 세기 정도를 나타내는 척도로 수질분석시 가장 빈번하게 측정하는 기본 항목 중 하나이다. 수학적으로는 수중에 존재하는 수소이온(H^+)의 농도(mol/L)를 측정하여 그 값의 역수의 대수로서 표시한다.

$$pH = \log\frac{1}{[H^+]} \quad or \quad pH = -\log[H^+] \qquad (식\ 1)$$

자연수내 pH는 물속에 포함되어 있는 유리탄산과 탄산염의 비에 의해 대부분 결정되며, 지표수는 알칼리도를 유발하는 물질인 탄산 또는 중탄산이온등에 의해 약 염기성 상태(pH 7.0-7.2)를 나타낸다. 이러한 pH는 상수나 하・폐수 처리에 있어서도 수질특성을 이해하는데 매우 중요한 인자이며, 처리시설내 중화, 연수화, 응집침전, 소독 및 생물학적처리공정의 주요 설계 및 운전지표로 활용된다.

pH의 개념은 산(acid)과 염기(base)의 반응을 이해하기 위한 일련의 발전 과정으로부터 도출되었으며, 1887년 아레니우스(Arrhenius)의 이온화 이론으로부터 산은 해리하여 수소이온 또는 양성자를 생성하는 물질로, 염기는 해리하여 수산화 이온을 내는 물질로 정의되었다.

순수한 물(25℃)은 해리하여 10^{-7} mol/L의 수소이온농도를 가지며, 이때 물은 해리하여 수소이온(H^+) 각각에 대해 수산화 이온(OH^-)을 하나씩 생성(식 2)하므로 동일한 농도(10^{-7} mol/L)의 수산화 이온이 동시에 생성된다.

$$H_2O \rightleftarrows H^+ + OH^- \qquad (식\ 2)$$

이러한 관계를 평형상수식에 대입하면 다음과 같이 된다.

$$\frac{[H^+][OH^-]}{[H_2O]} = K \qquad (식\ 3)$$

여기서, 물의 농도는 작은 이온화에 의해서는 거의 줄어들지 않고 일정하다고 볼 수 있으므로, 식 3은 다음과 같이 표시할 수 있다.

$$[H^+][OH^-] = K_w \qquad (식\ 4)$$

따라서, 25℃ 순수한 물에서의 K_w는 10^{-14}의 값으로 나타낼 수 있다.

$$[H^+][OH^-] = 10^{-7} \times 10^{-7} = 10^{-14} = K_w \qquad (식\ 5)$$

이때, K_w를 물의 이온곱(ion product) 또는 이온화상수(ionization constant)라고 한다. 순수한 물에 산이 가해져 수소이온농도가 증가하면 식 5에서와 같이 결과적으로 수산화

이온농도는 이온화 상수에 맞추어 감소하게 된다. 다시 말해, 산이 가해져 $[H^{+}]$가 10^{-2} mol/L로 증가하였다면, $[OH^{-}]$는 10^{-12} mol/L로 감소하게 된다.
여기서, 수소이온 및 수산화 이온농도를 몰 농도로 표시하는 것은 다소 불편하기 때문에 Sörenson(1909)은 이 값에 음의 로그를 취하여 간단한 표현인 pH의 개념을 제안(pH = -log$[H^{+}]$)하였으며, 이 개념을 이용하여 식 5를 간단하게 나타내면 아래와 같다.

$$[H^{+}][OH^{-}] = K_w \text{ (양변에 -log 취함)}$$

$$-\log([H^{+}][OH^{-}]) = -\log K_w$$

$$(-\log[H^{+}]) + (-\log[OH^{-}]) = -\log K_w = -\log(10^{-14})$$

$$pH + pOH = pK_w = 14$$

$$pH = 14 - pOH$$

2.1.2 측정원리 및 적용범위

수중의 pH를 측정하는 방법으로는 비색법, 지시약을 이용한 방법 그리고 전극을 이용한 방법 등 여러 가지가 있으나, 수질오염공정시험기준에서는 유리전극법을 사용한 방법을 이용하므로 이에 대해 설명한다. 측정원리는 유리전극과 비교전극(은-염화은과 칼로멜 전극이 주로 사용)으로 구성되어진 pH측정기를 사용하여 양전극간에 생성되는 기전력의 차를 이용하는 것이다. 이 시험기준은 수온이 0-40 ℃인 지표수, 지하수, 폐수에 적용되며, 정량범위는 pH 0-14 이다.

2.1.3 측정기기 및 기구

1) pH 측정기: (pH meter) 유리전극(또는 안티몬전극) 및 비교전극으로 된 검출부와 검출된 pH를 표시하는 지시부(영점조절 및 온도보정 장치등으로 구성)로 되어 있다[그림 1]. pH 측정기는 정량범위인 0-14 까지 측정할 수 있고 재현성이 좋아야 한다(안티몬전극 사용시 정량범위 pH는 2-12임).

2) 비이커(beaker)

3) 자석 교반기(magnetic stirrer)

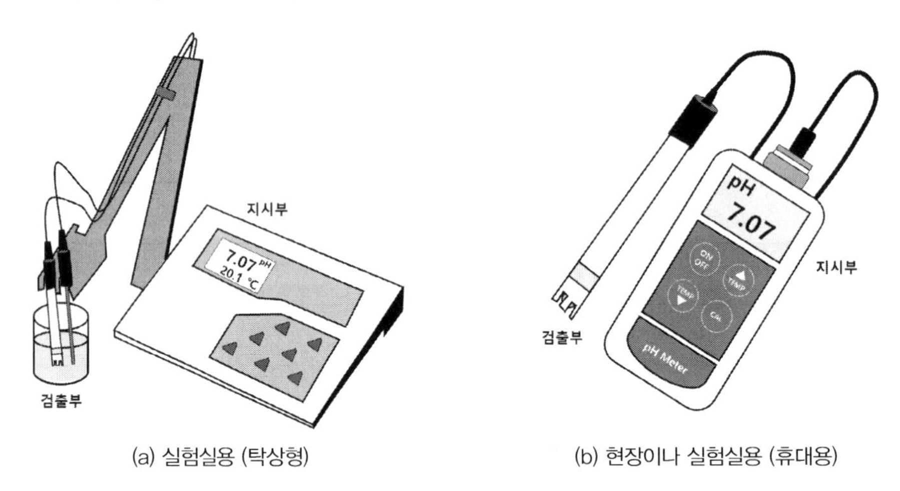

(a) 실험실용 (탁상형)

(b) 현장이나 실험실용 (휴대용)

[그림 1] pH 측정기

2.1.4 시약 및 용액

1) 0.1 M 염산(HCl)용액: (전극 세척용)

1 L 부피 플라스크에 정제수를 약 500 mL 이상 채우고 35% 염산용액 8.8 mL를 가한 후, 플라스크 표선까지 정제수를 가해 1 L로 만든다.

0.1 M 염산 제조 (비중 1.18, 순도 35% 염산용액 이용시)

(공식 : 몰농도 × 몰질량/비중 × 100/순도)

$= 0.1mol/L \times \frac{36.5g/mol}{1.18g/mL} \times \frac{100}{35}$ = 8.8 ml/L

---

2) pH 표준용액

pH 측정시에는 미리 pH값을 알고 있는 표준용액을 이용하여 측정기기의 보정을 반드시 해야 한다. 따라서, 시판되는 표준용액을 구입하여 사용하거나 정확한 표준용액을 제조하여 사용한다[표 1]. pH 표준용액의 조제에 사용하는 물은 정제수를 15분 이상 끓여서 이산화탄소를 날려 보내고 산화칼슘(생석회) 흡수관을 부착하여 식힌 다음 사용한다(제조한 pH 표준용액의 전도도는 2 μS/cm 이하이여야 함). 조제한 pH 표준용액은 폴리에틸렌병등에 담아서 보관하며, 보통 산성 표준용액은 3개월, 염기성 표준용액은 산화칼슘 흡수관을 부착하여 1개월 이내에 사용하도록 한다. 각 pH 표준용액 대한 온도별 pH값은 [표 2]와 같다.

[표 1] pH 표준용액 제조법

종류	제조법
옥살산염 표준용액 (0.05 M, pH 1.68)	건조(실리카겔이 들어있는 데시케이터 이용)한 사옥살산칼륨(potassium tetraoxalate, $KH_3(C_2O_4)_2 \cdot 2H_2O$) 12.71 g을 정제수에 녹이고 정확히 1 L로 한다.
프탈산염 표준용액 (0.05 M, pH 4.00)	건조(110℃, 항량)한 프탈산수소칼륨(potassium hydrogen phthalate, $C_8H_5O_4K$)을 10.12 g을 정제수에 녹이고 1 L로 한다.
인산염 표준용액 (0.025 M, pH 6.88)	건조(110℃, 1시간)한 인산이수소칼륨(potassium dihydrogen phosphate, KH_2PO_4) 3.387 g 및 인산일수소나트륨(monobasic sodium phosphate, Na_2HPO_4) 3.533 g을 각각 정확하게 달아 정제수에 녹여 정확히 1 L로 한다.
붕산염 표준용액 (0.01 M, pH 9.22)	붕산나트륨 10수화물(sodium borate, $Na_2B_4O_7 \cdot 10H_2O$)을 건조용기{물로 적신 브롬화나트륨(sodium bromide, NaBr)}에 넣어 항량으로 한후 3.81 g을 정확히 달아 정제수에 녹여 1 L로 한다.
탄산염 표준용액 (0.025M, pH 10.07)	건조(실리카겔)한 탄산수소나트륨(sodium hydrogen carbonate, $NaHCO_3$) 2.092 g과 500-650℃에서 건조한 무수탄산나트륨(sodium carbonate anhydrate, Na_2CO_3) 2.64 g을 정제수에 녹여 1 L로 한다.
수산화칼슘 표준용액 (0.02 M, 25 ℃ 포화용액, pH 12.63)	수산화칼슘(calcium hydroxide, $Ca(OH)_2$) 5 g을 플라스크에 넣고 정제수 1 L를 넣어 잘 흔들어 섞는다(23-27 ℃에서 충분히 포화). 이후 상층액을 여과하여 사용한다.

[표 2] 각 표준용액의 온도별 pH 값

온 도 (℃)	옥살산염 표준용액	프탈산염 표준용액	인산염 표준용액	붕산염 표준용액	탄산염 표준용액	수산화칼슘 표준용액
0	1.67	4.01	6.98	9.46	10.32	13.43
5	1.67	4.01	6.95	9.39	10.25	13.21
10	1.67	4.00	6.92	9.33	10.18	13.00
15	1.67	4.00	6.90	9.27	10.12	12.81
20	1.68	4.00	6.88	9.22	10.07	12.63
25	1.68	4.01	6.86	9.18	10.02	12.45
30	1.69	4.01	6.85	9.14	9.97	12.30
35	1.69	4.02	6.84	9.10	9.93	12.14
40	1.70	4.03	6.84	9.07	-	11.99
50	1.71	4.06	6.83	9.01	-	11.70
60	1.73	4.10	6.84	8.96	-	11.45

2.1.5 실험방법

1) pH 측정 유리전극구성

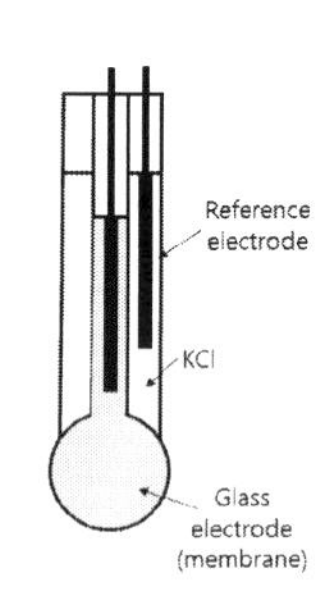

유리전극구성

① pH 보정이 완료(2.1.5의 2)항. pH보정방법 참조)된 유리전극을 깨끗이 닦고, 유리전극을 측정하고자 하는 시료에 담가 pH의 측정결과가 안정화 될 때 까지 기다린다. 이때, 시료를 균등하게 하기 위해 천천히 혼합해 주면서 측정한다.

② 측정된 pH가 안정되면 측정값을 기록한다.(안정화되는 정도는 측정기기마다 매우 상이하나 pH값이 변하다 일정한 값을 기록한 상태에서 약 10초 정도 변화가 없으면 그 값을 측정값으로 한다. 일부 기기는 안정화 되면 stable로 표시되므로 그 값을 이용한다)

③ 측정 완료 후, 시료로부터 pH 전극을 꺼내어 정제수로 세척한 다음 물기를 닦고 보관용액(포화된 KCl 용액 등) 또는 정제수에 담아 보관한다.

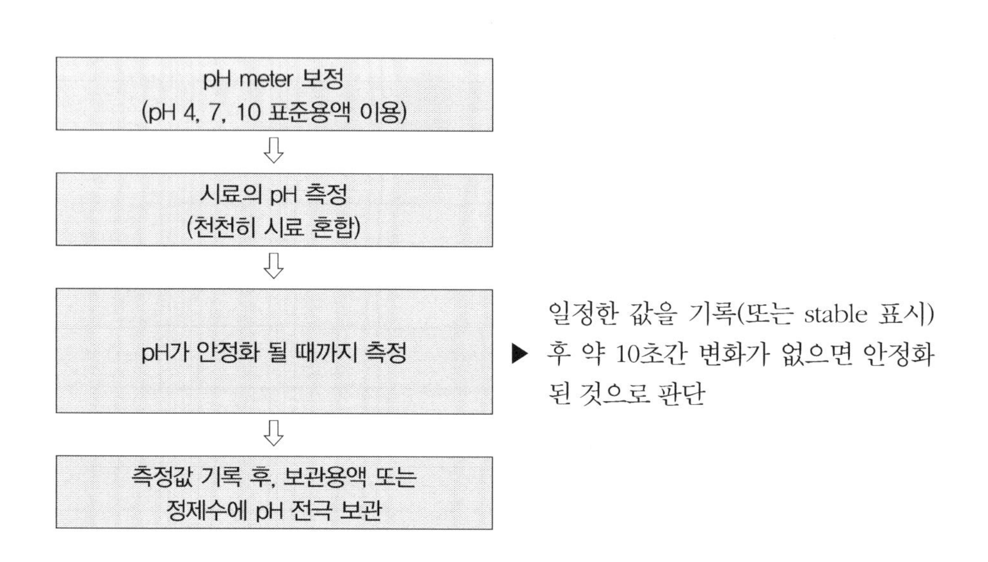

[그림 2] pH 측정 절차

2) pH 전극 보정

시료의 pH를 측정하기 전에 표준용액을 이용하여 전극을 기기에 맞도록 보정해 주어야 한다. 전극 보정시 일반적으로 다음과 같은 순서로 3개 이상의 표준용액(pH 4, 7, 10)을 이용하여 실시한다. 이때, 표준용액의 온도와 같도록 기기의 온도도 함께 보정해준다.

① 측정기의 전원을 켜고 시험 시작까지 30분 이상 예열한다. 전극은 정제수에 3회 이상 씻고 물기를 잘 닦아낸다. 오랜 기간 건조 상태에 있었던 유리전극은 미리 하루 동안 pH 7 표준용액에 담가 놓은 후에 사용한다.

② 전극을 프탈산염 표준용액(pH 4.00) 또는 pH 4.01 표준용액에 넣고 표시된 값을 보정한다.

③ 전극을 표준용액에서 꺼내 정제수에 3회 이상 반복하여 세척하고 물기를 잘 닦아낸다.

④ 전극을 인산염 표준용액(pH 6.88) 또는 pH 7.00 표준용액에 넣고 표시된 값을 보정한다. 그리고 ③과 동일하게 한다.

⑤ 전극을 탄산염 표준용액 pH 10.07 또는 pH 10.01 표준용액에 넣고 표시된 값을 보정한다. 그리고 ③과 동일하게 한다.

2.1.6 주의사항

1) 유리전극을 사용하지 않을 때에도 전극이 마르지 않도록 정제수에 담가 둔다.
2) 이산화탄소(CO_2)를 포함하고 있는 시료의 경우 이산화탄소의 평형이동에 따라 pH가 영향을 받게 되므로 주의한다.

($H_2O + CO_2 \rightleftarrows H_2CO_3 \rightleftarrows HCO_3^- + H^+$, 산성이 됨)

3) 유리전극에 유지등이 부착되면 피막을 형성하여 감도가 저하되므로 알코올등의 용매로 닦아내고 정제수로 씻어 용매가 남아 있지 않도록 한다.
4) 전극이 더러워진 경우에는 세제나 0.1 M 염산(HCl)용액(2.1.4의 시약제조방법 참조)으로 닦아내고 정제수로 충분히 씻어낸다.

2.1.7 실험결과 보고

실험날짜	시료번호	채취장소	시료명	온도(℃)	pH

Eco-Mind 실험 시 발생하는 폐기물 발생량을 아래의 표에 적고, 수거 및 처리방법, 그리고 처리비용등에 대해 다 같이 알아봅시다.

( )조 폐기물 발생량 내역 실험항목: 날짜: 조원이름:			
폐기물 성상 및 종류[1]	폐기물 발생량	상태[2]	비고

1) 폐액(폐산 및 폐알카리), 종이류, 유리류(초자류 등), 플라스틱류(시약접시등), 금속류 등으로 구분하여 작성할 것
2) 고체 및 액체등으로 구분하여 작성할 것

비고

알아 보기

2.1.8 요약 및 개념문제

요약

◎ pH는 용액의 산 또는 알칼리 상태의 세기를 나타내는 척도로, 수소이온농도를 그 역수의 상용대수로서 나타냄 (pH = $-\log[H^+]$).

◎ pH는 유리전극과 비교전극(은-염화은과 칼로멜 전극)으로 구성된 pH측정기를 사용하여 측정하는데 양전극간에 생성되는 기전력의 차를 이용

◎ pH 측정기 보정시, 3개 이상의 표준용액(pH 4, 7, 10) 이용

- 조제한 pH 표준용액은 경질유리병 또는 폴리에틸렌병에 보관
- 산성 표준용액은 3개월, 염기성은 1개월 이내에 사용

◎ pH + pOH = 14

[문제 1] 수소이온농도가 5×10^{-4} mol/L인 수용액의 pH를 계산하시오.

[문제 2] OH^- 농도가 0.006 mol/L일 때, pH는 얼마인지 계산하시오.

[문제 3] NaOH 0.4g을 증류수에 녹여 0.5L 용액으로 만들었다. pH는 얼마인지 계산하시오.

[문제 4] pH 표준액의 pH값이 0℃에서 제일 큰(높은) 값을 나타내는 표준액?

㉠ 수산염표준액 ㉡ 프탈산염표준액 ㉢ 탄산염표준액 ㉣ 붕산염표준액

• 정답 •

[1] 3.2 **[2]** 11.8 **[3]** 12.3 **[4]** ㉢

2.1.9 참고자료

1) 수질오염공정시험기준(환경부고시 제2017-4호), 환경부, http://www.me.go.kr (2017).

2) 수질오염공정시험기준주해, 최규철 외 9인 저, 동화기술 (2014), 3장.

3) 신편 수질환경 기사 · 산업기사, 이승원 저, 성안당 (2018).

4) Chemistry for environmental engineering and Science, $5^{th}ed$, C.N.Sawyer, P.L.McCarty, G.F.Parkin, McGraw Hill, Chap.16/ 번역본: 환경화학, 김덕찬 외 2인 역, 동화기술 (2005), 16장.

5) Standard Methods for the Examination of Water and Wastewater, $21^{th}ed$, APHA, AWWA, WEF (2005), Part 4500, "H+B".

6) US EPA Method 9040B, EPA (1995), "pH electrometric measurement".

2.2 부유물질 (SS)

2.2.1 개요

부유물질(suspended solid, SS)은 수중에 현탁 되어 있는 입자상의 고형물(현탁고형물)을 말하며, 수질 오염의 강도를 나타내는 지표중에 하나이다. 부유물질은 입자의 크기가 2 mm 이하의 물질로 2 mm 눈금의 체를 통과한 시료로 측정하며, 농도는 mg/L 또는 ppm 단위로 나타낸다. 부유물질의 농도가 높은 물은 외관상 뿐만 아니라 심미적으로도 좋지 못하며, 하수 및 폐수처리장 운전에도 영향을 미친다. 처리장등에서의 부유물질농도는 하수의 강도 평가와 처리장치의 효율을 구하는데 이용되는 중요한 매개변수 중 하나이며, 또한 운전 및 설계시에 중요한 인자이다. 특히, 처리장내에서 부유물질은 방류수 수질기준에 부합(10 mg/L)해야 하는 항목으로 처리장에서 부유물질의 측정은 대단히 중요하다. 이러한 부유물질의 주발생원으로는 강우시 지표면 침식에 의해 발생하는 자연적인 현탁물질과 도시하수나 공장폐수에 의해 발생하는 인위적인 현탁물질 등이 있다. 부유물질을 성상에 따라 분류하면 휘발성 부유물질(volatile suspended solids, VSS)과 강열잔류 부유물질(fixed suspended solids, FSS)로 나눌 수 있으며, 부유물질을 포함한 물속에서의 고형물간의 관계를 정리하면 [그림 1]과 같다. 총 고형물(TS)은 시료를 105-110℃에서 건조 후 남아있는 증발잔류물로 총부유물질(TSS)과 총용존고형물(TDS)을 포함한다. 부유물질(SS)은 시료를 여과장치에 통과시켰을 때 여과지에 남아 있는 고형물을 말하며, 용존고형물(DS)는 여과지를 통과한 용해성 고형물을 의미한다. 그리고 휘발성고형물(VS)은 시료를 550℃ 회화로에서 태웠을 때 휘발되어 날아간 성분의 물질이며, 강열잔류고형물(FS)은 휘발되지 않고 남아 있는 고형물질을 말한다.

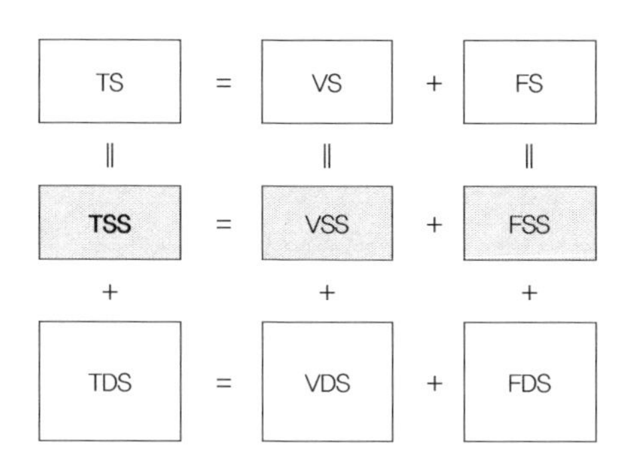

- TS (Total Solids): 총고형물질 or 증발잔류물
- FS (Fixed Solids): 강열잔류고형물
- VS (Volatile Solids): 휘발성고형물 or 강열감량
- TSS (Total Suspended Solids): 총부유물질
- FSS (Fixed Suspended Solids): 강열잔류 부유물
- VSS (Volatile Suspended Solids): 휘발성 부유물
- TDS (Total Dissolved Solids): 총용존고형물
- FDS (Fixed Dissolved Solids): 강열잔류용존고형물
- VDS (Volatile Dissolved Solids): 휘발성용존고형물

[그림 1] 고형물간의 관계

2.2.2 측정원리 및 적용범위

미리 무게를 단 유리섬유여과지(GF/C)를 여과장치에 부착하여 일정량의 시료를 여과시킨 다음 항량[1]으로 건조하여 무게를 달아 여과전 · 후의 여과지 무게차를 산출하여 부유물질의 양을 구하는 방법이다.

2.2.3 측정기기 및 기구

1) 여과장치: 상부여과관, 여과재 지지대, 흡인병 등으로 구성 [그림 2]
2) 유리섬유 여과지(GF/C): GF/C 또는 이와 동등한 규격으로 지름 47 mm의 것 이용
3) 건조기(drying oven): 105~110℃에서 건조할 수 있는 장치
4) 데시케이터(desiccator): 수분제거 [그림 3]

1) 항량으로 건조: 같은 조건에서 1시간 더 건조할 때 전후 무게차가 g당 0.3 mg 이하 일 때를 말함.

5) 전자저울

6) 진공펌프

7) 눈금이 있는 메스실린더

8) 시계접시 또는 알루미늄 호일접시

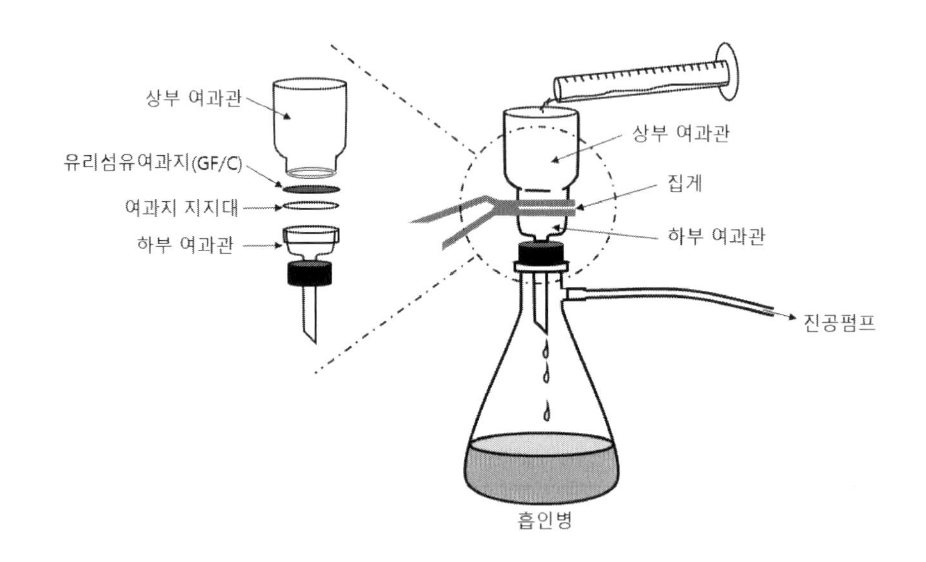

[그림 2] 부유물질 여과장치

[그림 3] 데시케이터

2.2.4 시약 및 용액

1) 다이크롬산칼륨 · 황산용액(여과장치 하부여과재 세정에 이용): 다이크롬산칼륨(potassium dichromate, $K_2Cr_2O_7$) 200 g을 정제수 100 mL에 녹이고 황산(sulfuric acid, H_2SO_4) 1,500 mL를 서서히 넣어 흔들어 섞는다.

2.2.5 실험방법

1) 유리섬유여과지(GF/C)를 여과장치에 부착하고 정제수로 3회 흡인 여과하여 씻는다.
2) 씻은 여과지는 여과장치에서 분리해 시계접시 또는 알루미늄 호일접시 위에 놓고 건조기(105~110℃) 안에서 2시간 동안 건조시킨다.
3) 건조시킨 여과지는 황산 데시케이터에 넣어 방랭(放冷) 후 항량하여, 무게를 정밀히 측정하고 다시 여과장치에 부착한다. --------- A
4) 잘 혼합된 시료 적당량(건조 후 부유물질로써 2 mg 이상)을 여과장치에 주입하면서 흡입 여과한다. 이때, 시료 용기 및 여과기 벽에 붙어있는 물질을 소량의 정제수를 이용하여 씻어 내린다.
5) 여과가 끝난 여과지는 핀셋을 이용하여 다시 접시 위에 올려 놓고 건조기(105~110℃)에서 2시간 동안 건조시킨다.
6) 건조시킨 여과지는 데시케이터에서 방랭 후 무게를 측정한다. ------------ B

절차	비고
유리섬유 여과지(GF/C) 준비	▶ GF/C 또는 지름 47 mm
⇩	
여과지를 여과장치에 부착	
⇩	
정제수를 이용하여 흡입여과 (3회)	▶ 정제수로 여과지세척
⇩	
씻은 여과지를 시계접시 위에 놓고 건조기에서 2시간 건조 (105~110℃)	▶ 시계접시 또는 알루미늄 호일접시 이용
⇩	
방랭 후 항량하여 여과지 무게 측정 (A)	▶ 데시케이터에서 방랭
⇩	
여과지를 여과장치에 다시 부착	
⇩	
시료를 주입하면서 흡인여과 (주입시료량 기입)	▶ 시료용기 및 여과기 벽에 붙어있는 물질도 정제수로 씻어 내림
⇩	
여과지를 시계접시 위에 놓고 건조기에서 2시간 건조 (105~110℃)	
⇩	
데시케이터에서 방냉 후 여과지 무게 측정 (B)	

[그림 4] 부유물질 측정 절차

2.2.6 계산

여과 전 · 후의 유리섬유여과지의 무게차를 구하여 부유물질 양을 계산함 [그림 5]

$$부유물질\ (mg/L) = (B - A) \times \frac{1,000}{V}$$

여기서, A : 시료 여과 전의 유리섬유여지(GF/C) 무게 (mg)

B : 시료 여과 후의 유리섬유여지(GF/C) 무게 (mg)

V : 시료의 양 (mL)

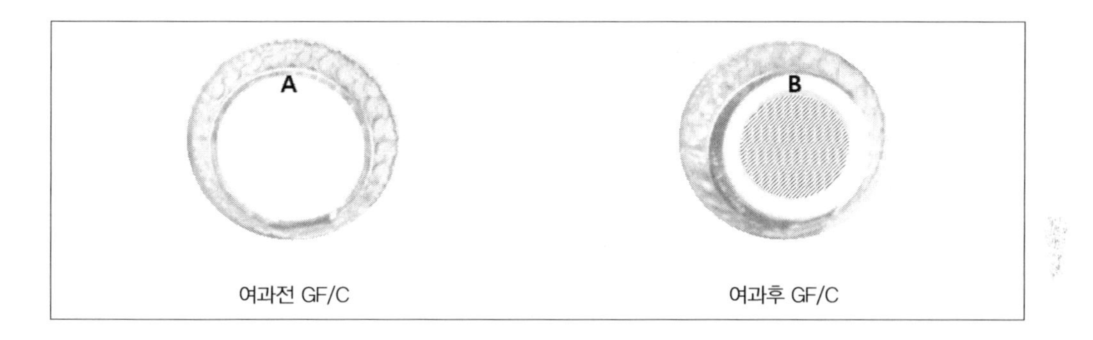

[그림 5] 여과 전(A) · 후(B) 유리섬유여과지(GF/C)의 사진

2.2.7 주의사항

1) 나무조각, 큰 모래입자등은 부유물질 측정에 방해가 되므로, 대상시료는 직경 2 mm 체에 통과시킨 후 분석에 이용한다.
2) 시료량은 많은 양을 취할수록 오차가 적어지나, 통상 건조후의 부유물질 중량이 5 mg 이상 되도록 200 mL 정도로 한다. (건조후 중량이 5-30 mg이 되도록 시료를 취함)
3) 측정의 정확도는 시료의 혼합정도에 달려있으므로, 분석시 충분히 혼합하여 사용한다.

하지만 현탁물질은 침강이 쉽기 때문에 균일한 시료를 분취하는 것이 어려우므로 전량을 사용하는 것이 필요하다.

4) 철 또는 칼슘이 높은 시료는 금속침전이 발생하여 실험에 영향을 미칠 수 있으므로 주의한다.
5) 부유물질은 물리 · 화학 · 생물학적으로 변화되기 쉽기 때문에 가능한 실험은 시료 채취 후 바로 실시하도록 한다. 바로 분석이 불가능할 시에는 4℃, 암소에 보관한다.
6) 사용한 여과기의 하부여과재는 다이크롬산칼륨 · 황산용액을 넣어 침전물을 녹이고 정제수로 깨끗이 씻은 다음 다시 사용한다.

2.2.8 실험결과 보고

실험 날짜	시료 번호	채취 장소	시료명	여과전 여지무게(mg)	여과후 여지무게(mg)	시료량 (ml)	SS농도 (mg/L)

Eco-Mind 실험 시 발생하는 폐기물 발생량을 아래의 표에 적고, 수거 및 처리방법, 그리고 처리비용등에 대해 다 같이 알아봅시다.

(　　　)조 폐기물 발생량 내역 실험항목:　　　날짜:　　　조원이름:			
폐기물 성상 및 종류[1)]	폐기물 발생량	상태[2)]	비고

1) 폐액(폐산 및 폐알카리), 종이류, 유리류(초자류 등), 플라스틱류(시약접시등), 금속류 등으로 구분하여 작성할 것

2) 고체 및 액체등으로 구분하여 작성할 것

비고

알아보기

2.2.9 요약 및 개념문제

요약

◎ 부유물질(SS)은 여과 전 · 후 유리섬유여지의 무게차를 산출하여 계산 (중량분석)

◎ SS 측정절차: 건조전여지무게측정 → 시료여과 → 여과지 건조 및 방냉 → 건조후 무게측정

◎ 고형물간의 상관관계

TS	=	VS	+	FS
‖		‖		‖
TSS	=	VSS	+	FSS
+		+		+
TDS	=	VDS	+	FDS

◎ 부유물질(mg/L) = $(B - A) \times \frac{1,000}{V}$

B: 건조전 여지무게(mg)
A: 건조후 여지무게(mg)
V: 시료량 (mL)

[문제 1] 부유물질(SS)의 측정방법은 다음 중 어느 방법에 속하는가?

㉠ 중화적정법　㉡ 침전적정법　㉢ 중량분석법　㉣ 산화환원법

[문제 2] 부유물질 측정시 건조 온도와 시간은 각각 얼마인지 쓰시오.

[문제 3] 폐수중의 부유물질을 측정하고자 실험을 하여 다음과 같은 결과를 얻었다. 폐수중의 부유물질농도(mg/L)는 얼마인지 계산하시오.

시료량: 100 mL, 유리섬유여지 무게: 0.6330 g, 여과후 건조여지무게: 0.6530 g

[문제 4] 아래 하수처리장의 SS 제거효율(%)은 얼마인지 구하시오.

구분 \ 시료	유입수	유출수
시료부피	250 mL	400 mL
용기의 무게	16.3143 g	17.2638 g
건조후(용기+SS) 무게	16.3542 g	17.2712 g

• 정답 •

[1] ㉢ **[2]** 105~110℃, 2시간 **[3]** 200 mg/L **[4]** 88.4%

2.2.10 참고자료

1) 수질오염공정시험기준(환경부고시 제2017-4호), 환경부, http://www.me.go.kr (2017).

2) 수질오염공정시험기준주해, 최규철 외 9인 저, 동화기술 (2014), 3장.

3) 신편 수질환경 기사 · 산업기사, 이승원 저, 성안당 (2018).

4) Chemistry for environmental engineering and Science, $5^{th}ed$, C.N.Sawyer, P.L.McCarty, G.F.Parkin, McGraw Hill, Chap.26/ 번역본: 환경화학, 김덕찬 외 2인 역, 동화기술 (2005), 26장.

5) Standard Methods for the Examination of Water and Wastewater, $21^{th}ed$, APHA, AWWA, WEF (2005), Part 2540, "SOLID".

6) US EPA Method 160.2, EPA (1971), "Non-Filterable Gravimetric, Dried at 103-105℃".

2.3 용존산소 (DO)_ 적정법

2.3.1 개요

용존산소(Dissolved Oxygen, DO)는 수중에 용해되어 있는 산소를 의미한다. 용존산소의 용해량은 수온, 기압, 용해염류와 수면상태에 따라 좌우되며, 수온이 낮고 기압이 높을수록 용해도가 크다. 그리고 용존산소량은 청정수 일수록 용해도가 커지며 온도에 따라 포화량에 가깝거나 과포화 상태를 나타낸다. 용존산소는 수중의 호기성 미생물에 의한 오수처리, 수생식물과 어패류의 생육, 하천의 자정작용에 반드시 필요한 중요 인자이며, 생물화학적산소요구량(Biochemical Oxygen Demand, BOD) 측정의 기본 바탕이 되는 시험항목이다.

수중의 산소는 주로 유기물질, 황화물, 아황산이온, 제1철이온 등 환원성 물질과 미생물의 호흡작용에 의해 소비된다. 하천에 오염물질이 유입된 직후에는 용존산소량의 변화는 없지만 시간이 지난 후 [그림 1]에 나타낸 것과 같이 대기에서의 산소공급과 오염물질의 산소 소비량의 정도에 따라 산소 감소 곡선을 나타낸다. 20℃ 청정하천수의 포화용존산소 농도는 9.09 mg/L 정도의 값을 보이며[표 1], 하천에서 양호한 수역의 용존산소량은 7.5 mg/L 이상(1등급)이다. 또한 호소수에 있어서의 일반 수중생물의 생존농도는 5 mg/L 이상이 되어야 한다. 하천등에 유기물이 많게 되면 용존산소 부족으로 인해 수중생태계에 악영향을 미치므로 하천으로의 오염물의 유입을 최대한 방지하여 충분한 용존산소량을 유지할 수 있도록 해야 한다.

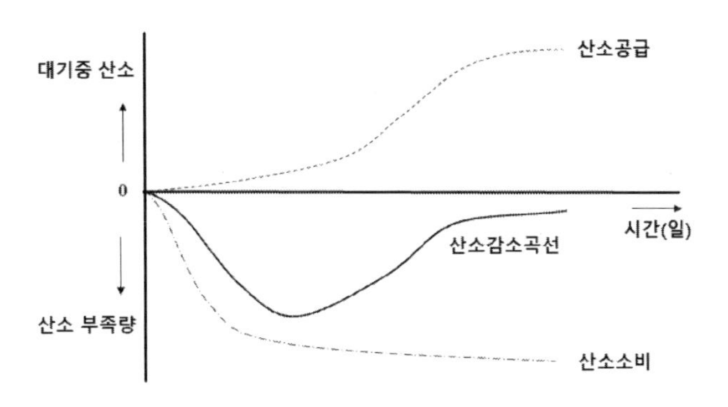

[그림 1] 산소감소곡선 (Oxygen Sag Curve)

2.3.2 측정원리 및 적용범위

시료에 황산망간과 알칼리성 요오드칼륨용액을 넣어 생기는 수산화제일망간이 시료 중의 용존산소에 의하여 산화되어 수산화제이망간으로 되고, 황산 산성에서 용존산소량에 대응하는 요오드를 유리한다. 측정원리는 이 유리된 요오드를 티오황산나트륨으로 적정하여 용존산소의 양을 정량하는 것이다. 이 시험방법은 용존산소 측정법에서 아질산이온의 방해를 제거하기 위한 방법으로, 아질산이온을 분해하는 시약으로 아지드화나트륨(NaN_3)을 사용한다. 이 방법은 지표수, 지하수, 폐수 등에 적용할 수 있으며, 정량한계는 0.1 mg/L 이다.

$I_2 + 2NO_2^- \rightarrow 2I^- + 2NO_2$

; I_2는 NO_2^-에 의해서도 환원되므로 NO_2^-를 제거해야 함

$2NaN_3 + H_2SO_4 \rightarrow 2HN_3 + Na_2SO_4$

$NO_2^- + HN_3 \rightarrow N_2O + N_2 + OH^-$

$2HNO_2 + 2NaN_3 + H_2SO_4 \rightarrow 2N_2O + 2N_2 + Na_2SO_4 + 2H_2O$

[표 1] 수중의 용존산소 포화량

온도 (℃)	수중의 염소 이온량 (g Cl^-/kg)					
	0	5.0	10.0	15.0	20.0	25.0
	수중의 용존산소 포화량 (mg O_2/L)					
0.0	14.621	13.728	12.888	12.097	11.355	10.657
1.0	14.216	13.356	12.545	11.783	11.066	10.392
2.0	13.829	13.000	12.218	11.483	10.790	10.139
3.0	13.460	12.660	11.906	11.195	10.526	9.897
4.0	13.107	12.335	11.607	10.920	10.273	9.664
5.0	12.770	12.024	11.320	10.656	10.031	9.441
6.0	12.447	11.727	11.046	10.404	9.799	9.228
7.0	12.139	11.442	11.783	10.162	9.576	9.023
8.0	11.843	11.169	10.531	9.930	9.362	8.826
9.0	11.559	10.907	10.290	9.707	9.156	8.636
10.0	11.288	10.656	10.058	9.493	8.959	8.454
11.0	11.027	10.415	9.835	9.287	8.769	8.279
12.0	10.777	10.183	9.621	9.089	8.586	8.111
13.0	10.537	9.961	9.416	8.899	8.411	7.949
14.0	10.306	9.747	9.218	8.716	8.242	7.792
15.0	10.084	9.541	9.027	8.540	8.079	7.642
16.0	9.870	9.344	8.844	8.370	7.922	7.496
17.0	9.665	9.153	8.667	8.207	7.770	7.356
18.0	9.467	8.969	8.497	8.049	7.624	7.221
19.0	9.276	8.792	8.333	7.896	7.483	7.090
20.0	**9.092**	8.621	8.174	7.749	7.346	6.934
21.0	8.915	8.456	8.021	7.607	7.214	6.842
22.0	8.743	8.297	7.873	7.470	7.087	6.723
23.0	8.578	8.143	7.730	7.337	6.963	6.609
24.0	8.418	7.994	7.591	7.208	6.844	6.498

온도 (℃)	수중의 염소 이온량 (g Cl^-/kg)					
	0	5.0	10.0	15.0	20.0	25.0
	수중의 용존산소 포화량 (mg O_2/L)					
25.0	8.263	7.850	7.457	7.083	6.728	6.390
26.0	8.113	7.711	7.327	6.962	6.615	6.285
27.0	7.968	7.575	7.201	6.845	6.506	6.184
28.0	7.827	7.444	7.079	6.731	6.400	6.085
29.0	7.691	7.317	6.961	6.621	6.297	5.990
30.0	7.559	7.194	6.845	6.513	6.197	5.896

참고) 환경부 (2017), 수질오염공정시험기준

2.3.3 측정기기 및 기구

1) 300 mL BOD병

2) 전자저울

3) 뷰렛

4) 눈금피펫

2.3.4 시약 및 용액

1) 황산망간용액	황산망간 · 4수화물(manganese(II) sulfate tetrahydrate, $MnSO_4 \cdot 4H_2O$) 480 g을 정제수에 녹이고 1 L로 한다.
2) 알칼리성 요오드화칼륨 아자이드화나트륨 용액	수산화나트륨(sodium hydroxide, NaOH) 500 g (또는 수산화칼륨(potassium hydroxide, KOH) 700 g)과 요오드화칼륨(potassium iodide, KI) 150 g (또는 요오드화나트륨(sodium iodide, NaI) 135 g), 아자이드화나트륨(sodium azide, NaN_3) 10 g을 정제수에 녹여 1L로 한다. 이 용액은 산성에서 요오드를 유리한다. (갈색병에 보관)
3) 6 M 수산화나트륨	수산화나트륨(NaOH) 240 g을 정제수에 녹여 1 L로 한다.
4) 0.025 M 티오황산 나트륨 용액	6.205g 티오황산나트륨 · 5수화물(sodium thiosulfate pentahydrate, $Na_2S_2O_3 \cdot 5H_2O$)를 정제수(약 800 mL)에 녹이고 6 M 수산화나트륨(NaOH) 1.5 mL 또는 0.4 g 수산화나트륨을 넣어 녹인 다음 정제수를 가해 1 L가 되게 한다.
5) 진한황산 ($H_{42}SO_4$)	
6) 전분용액(지시약)	용해성 전분(starch) 2 g을 정제수 10 mL에 녹이고, 이를 90℃ 이상의 정제수 100 mL에 넣고 약 1분간 끓인 후 냉각하면서 정치한다(상층액 사용). 보관을 위해 살리실산(salicylic acid, $C_6H_4(OH)COOH$) 0.2 g 또는 두 방울의 톨루엔을 첨가한다.

[시료 전처리용 시약]

1) 칼륨명반용액	황산알루미늄칼륨·12수화물(aluminum potassium sulfate, $AlK(SO_4)_2 \cdot 12H_2O$) 10 g을 정제수 100 mL에 녹인다.
2) 암모니아용액	28% 이상 암모니아용액(ammonium hydroxide, NH_4OH)을 사용한다.
3) 황산구리 설퍼민산 용액	설퍼민산(sulfamic acid, NH_2SO_2OH) 32 g을 정제수에 녹여 475 mL로 한다. 따로 황산구리(copper(II) sulfate pentahydrate, $CuSO_4 \cdot 5H_2O$) 50 g을 정제수에 녹여 500 mL로 한다. 두 용액을 혼합하고 아세트산(acetic acid, CH_3COOH) 25 mL, 티오황산나트륨 · 5수화물 6.205 g을 넣어 녹인다. 6 M 수산화나트륨(NaOH)용액 1.5 mL 또는 NaOH 0.4 g을 넣어 녹이고 정제수를 넣어 1 L로 한다.
4) 플루오린화 칼륨 용액	플루오린화칼륨(potassium fluoride, KF) 30 g을 정제수 100 mL에 녹인다.

2.3.5 실험방법

[시료의 전처리]

1) 시료가 착색, 현탁된 경우 (칼륨 명반응집법 처리) : 시료를 마개가 있는 1L 유리병에 기포가 생기지 않도록 조심히 가득 채우고, 칼륨명반용액 10 mL와 암모니아수 1-2 mL를 넣는다. 이때, 공기가 들어가지 않도록 주의하면서 마개를 닫고 조용히 위 아래로 1분간 흔들어 섞고 10분간 정치하여 현탁물을 침강시킨다. 상등액을 300 mL 용존산소병(BOD병)에 가득 채운다. 침강된 응집물이 들어가지 않도록 주의한다.
2) 미생물 플럭(floc)이 형성된 경우 (황산구리-설퍼민산법): 시료를 1L 유리병에 채우고, 황산구리-설퍼민산 용액 10 mL를 넣고 공기가 들어가지 않도록 주의하면서 마개를 닫고 조용히 1분간 혼합하고 10분간 정치하여 현탁물을 침강시킨다. 상등액을 300 mL BOD병에 가득 채운다.
3) 산화성 물질을 함유한경우 (Fe(III)): Fe(III) 100 - 200 mg/L가 함유된 시료의 경우, 황산 첨가전 불화칼륨용액(300 g/L) 1 mL를 가한다.

[분석방법]

1) 300 mL BOD 병① 에 시료를 가득 채운다.

2) BOD병에 황산망간용액($MnSO_4$) 1 mL를 가한다.

3) 여기에, 알칼리성 요오드화칼륨-아자이드화나트륨용액 1 mL를 가한다.

4) 병에 기포가 남지 않게 제거하면서 조심하여 마개를 닫는다.

5) BOD 병의 마개와 병목부분을 잡고② 혼합이 잘 되도록 수회(20회 이상, 약 30-60초) 회전하면서 섞는다.

6) 혼합 후 2분 이상 정치하여 완전히 침전시킨다.③

(만약, 상층액에 미세한 침전이 남아 있으면 다시 혼합 후 완전 침전시킴)

7) 침전물이 BOD병의 1/2이상 가라앉고, 맑은 상등액 층이 생기면 마개를 열고 황산 2 mL를 가한다(갈색 침전물이 생김)

8) 마개를 닫고 갈색 침전물이 완전히 용해될 때까지 병을 회전시킨다.

9) 마개를 열고 시료 200 mL를 취하여 삼각플라스크에 넣는다.

10) 삼각플라스크를 교반기 위에 올려놓고 천천히 교반하면서 엷은 노란색이 될 때까지 티오황산나트륨(0.025 M) 용액으로 적정한다.

11) 여기에, 전분용액 1 mL를 넣어 용액을 청색으로 만들고, 다시 티오황산나트륨(0.025 M) 용액을 가하여 청색이 무색(종말점)으로 될 때까지 적정한다.④

①

②

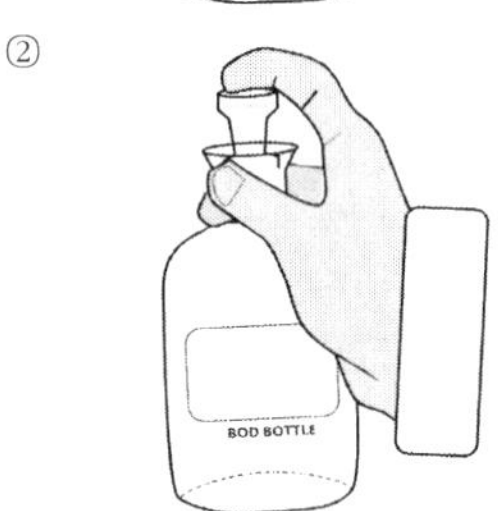

③

④

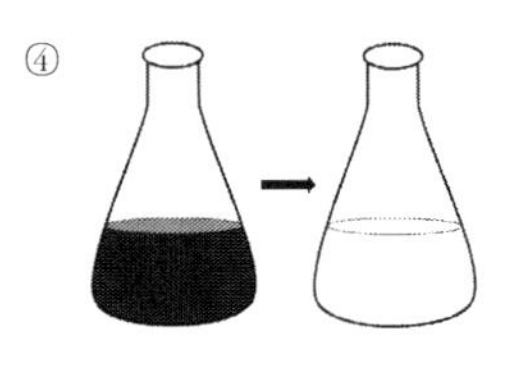

청색 → 무색

절차	설명
시료 300 ml를 취함 (BOD 병) ← 1 mL $MnSO_4$ ← 1mL 알칼리성 요오드화칼륨 아자이드화 나트륨용액 마개 닫고 병을 수회 회전 혼합 후 2분간 정치(완전침전)	⇨ 시료에 황산망간과 알칼리성을 가해 생성된 $2NaOH + MnSO_4 \rightarrow$ **$Mn(OH)_2$** $\downarrow + Na_2SO_4$ **백색의 수산화제1망간**이 수중의 용존산소와 반응하여, 용존산소에 대응하는 양만큼 산화되어 갈색의 **수산화제2망간**으로 되어 <u>**산소고정**</u> $2Mn(OH)_2 + \frac{1}{2}O_2 + H_2O \rightarrow 2Mn(OH)_3 \downarrow$ (갈색침전) (단, DO가 적을 때: $Mn(OH)_2 + \frac{1}{2}O_2 \rightarrow MnO(OH)_2 \downarrow$)
← 2 mL H_2SO_4 침전물(갈색) 용해	⇨ 황산산성하에서 용존산소에 대응하는 <u>**요오드를 유리함**</u>. $2Mn(OH)_3 + 2KI + 3H_2SO_4 \rightarrow I_2 + 2MnSO_4 + K_2SO_4 + 6H_2O$ $2MnO(OH)_2 + 2KI + 2H_2SO_4 \rightarrow I_2 + 2MnSO_4 + K_2SO_4 + 3H_2O$

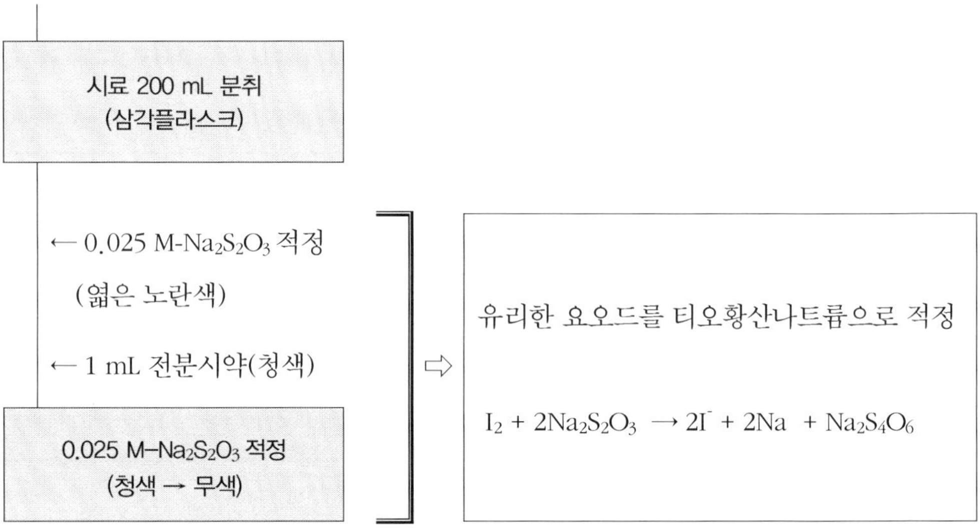

시료 200 mL 분취
(삼각플라스크)

← 0.025 M-$Na_2S_2O_3$ 적정
(엷은 노란색)

← 1 mL 전분시약(청색)

0.025 M–$Na_2S_2O_3$ 적정
(청색 → 무색)

⇨

유리한 요오드를 티오황산나트륨으로 적정

$I_2 + 2Na_2S_2O_3 \rightarrow 2I^- + 2Na + Na_2S_4O_6$

[그림 2] 용존산소(DO) 측정절차

2.3.6 농도계산

1) 용존산소 농도

$$용존산소\ (mg/L) = a \times f \times \frac{V_1}{V_2} \times \frac{1{,}000}{V_1 - R} \times 0.2 \qquad (식\ 1)$$

여기서, a : 적정용액(0.025 M 티오황산나트륨용액) 주입량 (mL)

f : 티오황산나트륨(0.025 M)의 역가[1] (≒ 1)

---

1) 적정에 사용하는 티오황산나트륨(0.025 M)이 정확히 0.025 M인지 확인하기 위하여 시험하는 방법을 표정이라 하고, 이 표정방법을 통해 얻은 값이 역가이다.

V_1 : 총 시료의 양 (mL)

V_2 : 적정에 사용한 시료의 양 (mL)

R : 황산망간 용액과 알칼리성 요오드화칼륨-아자이드화나트륨 용액 첨가량 (mL)

2) 용존산소 포화율

용존산소량을 포화율(%)로 나타낼 경우 다음식을 이용하여 계산한다.

$$\text{용존산소포화율 (\%)} = \frac{DO}{DO_t \times B/760} \times 100 \qquad \text{(식 2)}$$

여기서, DO : 시료의 용존산소 농도(측정값) (mg/L)

DO_t : 용존산소 포화 농도 (mg/L)

B : 시료채취시의 대기압 (mmHg)

2.3.7 주의사항

1) 시료채취시 시료를 공기와 직접 접촉하거나 흔들지 말아야 한다.
2) 가능한 한 용존산소는 현장에서 측정한다. 현장측정이 어려울 경우 현장에서 산소를 고정(망간 용액과 알칼리성 요오드화칼륨-아자이드화나트륨 용액 각각 1 mL 주입 후 혼합 · 정치)시켜 실험실로 운반 후, 8시간 이내에 분석한다.

2.3.8 실험결과 보고

실험날짜	시료번호	채취장소	시료명	적정에 소비된 티오황산나트륨용액의 양 (mL)	DO (mg/L)

Eco-Mind 실험 시 발생하는 폐기물 발생량을 아래의 표에 적고, 수거 및 처리방법, 그리고 처리비용등에 대해 다 같이 알아봅시다.

(　　　)조 폐기물 발생량 내역 실험항목:　　　날짜:　　　조원이름:			
폐기물 성상 및 종류[1]	폐기물 발생량	상태[2]	비고

1) 폐액(폐산 및 폐알카리), 종이류, 유리류(초자류 등), 플라스틱류(시약접시등), 금속류 등으로 구분하여 작성할 것

2) 고체 및 액체등으로 구분하여 작성할 것

비고

알아보기

2.3.9 요약 및 개념문제

요약

◎ DO는 수중에 녹아있는 산소량을 말하며, 수질오염을 나타내는 1차 지표임

◎ 수중 DO가 높을수록 청정수, DO 농도가 낮으면 오염된 물로 구분

◎ 용존산소 용해도에 영향을 미치는 인자 : 온도, 압력, 불순물 농도 등

◎ 용존산소 측정방법 : 적정법(시약이용), 전극법(기기를 이용한 측정법)

◎ 전처리방법

1) 시료가 착색 · 현탁된 경우 (칼륨명반응집법)

2) 미생물 플럭이 형성된 경우 (황산구리-설퍼민산법)

3) 산화성물질(Fe(Ⅲ))이 공존하는 경우 (불화칼륨용액 처리)

◎ DO 측정법 : 전처리→시료 300 mL→산소고정(황산망간, 알칼리성 요오드화칼륨 아자이드화나트륨 용액 각각 1mL)→완전침전 후 황산 2mL 주입→침전물 용해 후 200 mL 분취→시료적정(종말점 색변화: 청색→무색)

◎ 용존산소 농도(mg/L) = $a \times f \times \frac{V_1}{V_2} \times \frac{1,000}{V_1 - R} \times 0.2$

[문제 1] 활성슬러지의 미생물 플럭이 형성된 경우 DO 측정을 위한 전처리방법은?

㉠ 아지드화나트륨처리법　　㉡ 불화칼륨처리법

㉢ 황산구리 설퍼민산법　　㉣ 칼륨 명반응집침전법

[문제 2] 어느 하천의 DO를 측정하고자 시료 300 mL 를 취하였다. 이 시료를 DO 측정법(적정법)의해 처리하고 이 중 200 mL 를 분취하여 0.025M-$Na_2S_2O_3$로 적정하니 5 mL가 소비되었다. 이 하천수의 DO(mg/L)는 얼마인지 계산하시오. (단, 0.025M-$Na_2S_2O_3$의 역가(f)는 1이며, 산소고정에 쓰인 시액량(R)은 4 mL임)

• 정답 •

[1] ㉢　**[2]** 5.07 mg/L

2.3.10 참고자료

1) 대학화학, 3판, 권찬호 외 4인 저, 자유아카데미 (2015), 4장.

2) 수질오염공정시험기준(환경부고시 제2017-4호), 환경부, http://www.me.go.kr (2017).

3) 수질오염공정시험기준주해, 최규철 외 9인 저, 동화기술 (2014), 3장.

4) 신편 수질환경 기사 · 산업기사, 이승원 저, 성안당 (2018).

5) Chemistry for environmental engineering and Science, $5^{th}ed$, C.N.Sawyer, P.L.McCarty, G.F.Parkin, McGraw Hill, Chap.22/ 번역본: 환경화학, 김덕찬 외 2인 역, 동화기술 (2005), 22장.

6) Standard Methods for the Examination of Water and Wastewater, $21^{th}ed$, APHA, AWWA, WEF (2005), Part 4500, "Azide Modification".

7) US EPA Method 360.2, EPA (1971), "Dissolved Oxygen Using a Modified Winkler Method".

수질분석의 기초화학(1)

〈헨리 법칙과 용존산소〉

기체는 액체에 녹아 용액이 될 수 있다. 이 용해 반응에 대해 평형상수를 쓸 수 있다. 예를 들어 산소 기체, $O_2(g)$와 물에 용해된 산소, $O_2(aq)$사이의 평형은 다음과 같고, $O_2(aq) \rightleftharpoons O_2(g)$ --(1), 이 반응에 대한 평형상수 K는, $K = Po_2/Co_2$ --(2) 이다.

이 평형상수는 용액 속의 용질 기체 농도 Co_2는 용액 위에 있는 해당기체의 부분압력 Po_2에 정비례함을 나타낸다. 이는 1800년 J.W.Henry가 실험적으로 제안한 헨리법칙(Henry's law)이다. (2)식에서 부분압력 P의 단위가 기압(atm)이고 농도 C의 단위가 몰농도(mol/l)일 때, 물속에 용해된 몇 가지 기체에 대한 헨리법칙 상수는 다음 표와 같다.

기체	상수($atm/(mol/l)$)	기체	상수($atm/(mol/l)$)
H_2	1282.05	O_2	769.23
He	2702.7	NH_3	. . . .
N_2	1639.34	CO_2	29.41

헨리법칙은 농도와 부분압력이 적당히 낮은 경우에는 용액에 녹은 기체의 거동을 정확히 기술하나, 농도와 부분압력이 커지면 헨리법칙에서 상당히 벗어난다. 이는 기체 성질이, 압력이 증가하고 온도가 낮아질 때 이상기체에서 벗어나는 것과 유사하다. 위의 (2)식은 $Co_2 = Po_2/K$ --(3)과 같이 다시 쓸 수 있고, 여기서 Co_2는 기체의 몰 용해도이다.

25℃ , 정상대기 조건에서 공기로 포화된 물속에 용해되어 있는 산소(용존산소)의 양은 얼마인가 계산해 보자. 정상대기 조건에서 산소의 %분율은 20.948%이므로, 정상대기 1기압(1atm)에서 물 위의 산소부분압력은 0.20948atm이다. 위의 표에서 산소의 몰농도 헨리법칙 상수를 취하고 (3)식에 따라 계산하면,

$Co_{2,}25℃ = 1atm \times 0.20948/769.23(atm/(mol/l)) = 0.0002723\ mol/l = 0.2723$

산소의 분자량은 $32.0g/mol$ 이므로 $Co_{2,}25℃ = 8.714\ mg/l$ 이다.

헨리법칙 상수의 값은 온도에 의존하는데, 온도가 증가하면 상수 값도 커진다. 따라서 기체의 용해도(예: 용존산소)는 온도가 증가함에 따라 감소한다. 이는 르 샤트리에 원리의 한 예이다. 대부분 기체의 용해반응엔탈피 변화는 음의 값이다. 즉, 반응이 발연 반응이므로 온도가 증가하면 용존 되어 있던 기체는 방출된다. 따라서 차가운 냉장고에서 꺼낸 콜라의 뚜껑을 상온에서 딸 때 기체가 분출되고, 기온이 높은 여름에 연못의 물고기가 수면위로 주둥이를 내밀어 물속의 부족한 산소를 보충하려 한다.

물속에 용해된 기체(예: 용존산소)의 양은 온도 외에도 물이 놓여있는 고도와, 물이 함유하고 있는 염분(광물질)의 양에 의해서도 영향을 받는다. 물속에 산소가 증가하는 경우는 물과 공기가 섞이는 포기현상과 낮 동안에 식물이 광합성 활동을 할 때인데 광합성에 의한 증가는 늦은 오후 최대가 되고 일출전이 최소가 된다. 산소가 소모되는 경우는 물속 생물이 호흡하면서 산소를 이용하는 경우와 화학적 산화 경로가 있는데 대량 소모는 야간에 조류나 수생생물에 의한 것과 분해박테리아에 의한 것이 있다.

2.4 생물화학적 산소요구량 (BOD)

2.4.1 개요

생물화학적 산소요구량(Biochemical Oxygen Demand, BOD)는 호기성 상태에서 박테리아가 수중의 분해 가능한 유기물질을 생물화학적으로 산화하는데 필요한 산소의 양으로 정의된다. 생물화학적 산화는 수중의 유기물을 영양원으로 하는 호기성 미생물이 증식, 호흡할 때 산소가 소비되는 것을 말한다. 수중의 유기물 정도를 직접 측정하는 것은 매우 어렵기 때문에 호기성 미생물이 유기물을 분해할 때 소모하는 산소의 양을 측정하여 나타내는 BOD 값은 간접적으로 유기물의 양을 나타내는 지표이다.

유기물을 영양원으로 하는 호기성 미생물 이외에도 Nitrosomonas, Nitrobactor 등의 질산화세균은 암모니아성 질소, 아질산성질소로 되면서 산소를 소비하고 황화물, 아황산이온, 철(II) 등의 환원성 무기물 등에 의해서도 산소가 소모된다. 이처럼 유기물을 영양원으로 하는 호기성 미생물에 의한 산소요구량 이외의 값은 순간 산소요구량(IDOD; Immediate dissolved oxygen demand)이라 하며 BOD와는 구별된다.

호기성 미생물에 의하여 분해되기 쉬운 탄소계 유기물(BOD 특성곡선 제1단계)은, 20℃에서 5일간 60-70% 분해되고, 12-14일간에는 약 90%가 분해된다. 여기서, 7-10일 후에는 2단계로 탄소화합물에 의한 BOD외에 질소화합물의 질산화세균에 의한 질산화작용(Nitrification)이 병행되어 산소를 소비하므로 정확한 BOD 측정을 위해서는 질산화작용을 억제해야 한다[그림 1]. BOD 측정은 20℃에서 5일간 배양하는 것을 기준으로 측정하며, 이때 시료내에 여러가지 물질을 산화 · 분해할 수 있는 미생물이 활동하여야 하므로,

미생물이 부족할 경우에는 미생물을 접종(seed)하고, 성장에 필요한 영양을 공급해 준다. 폐수의 경우 산소요구량은 용존산소량보다 큰 경우가 많으므로 BOD가 4 mg/L 이하가 되도록 희석하여 측정한다.

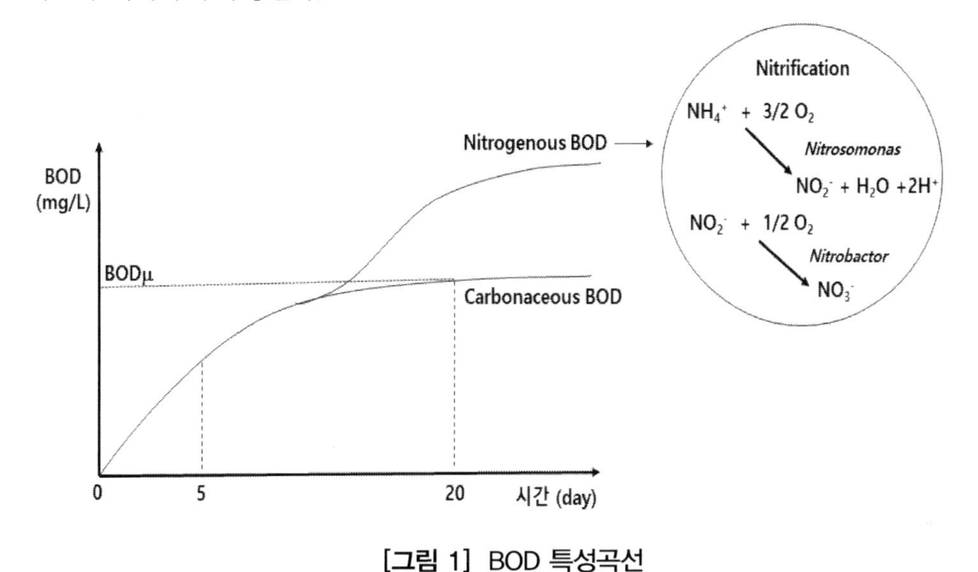

[그림 1] BOD 특성곡선

BOD는 하수나 폐수의 오염강도를 평가하고 처리장의 규모 및 처리시설의 효율을 구하는데 이용되는 중요한 인자 중 하나이며, 수질환경기준에 부합해야 하는 항목으로 수환경에서 BOD 측정은 대단히 중요하다. 시료내의 유기물질이 미생물에 의해 분해되는 BOD 반응속도는 1차반응으로 이를 반응속도식으로 나타내면 식 1과 같다. 이 식을 적분하여 나타내면 식 2와 같이 t시간 후 잔류 유기물량(BOD_r)으로 표현가능하며, 실제 소모된 유기물량 값(BOD_t), 즉 BOD 값을 나타내는 소모식은 식 3으로 나타낼 수 있다.[1]

---

1) Metcalf & Eddy, Wastewater Engineering Treatment and Resource Recovery, Fifth Edition, McGraw-Hill, pp. 118-119 (2014)

BOD 산화속도식 = 농도변화/단위시간 = $\frac{dBOD_r}{dt} = -k_1 BOD_r$ (식 1)

(UBOD와 BOD_r 사이에서 시간 t=0에서 t=t까지 적분하면)

(식 1 적분) (t 시간 후 잔류 유기물량) $BOD_r = UBOD(e^{-k_1 t})$ (식 2)

여기서, BOD_r: 시간 t에서 남아 있는 유기물의 양에 대응되는 산소량 (mg/L)

UBOD : 최종BOD(BOD_u) (mg/L), k_1 : 1차반응 속도상수(1/d), t : 시간 (d)

따라서, 시간 t까지 소모된 BOD는 (BOD_t)

BOD_t = $UBOD - BOD_r$ = $UBOD - UBOD(e^{-k_1 t})$ = $UBOD(1-e^{-k_1 t})$ (식 3)

2.4.2 측정원리 및 적용범위

시료를 20 ℃에서 5일간 배양했을 때 시료중의 호기성 미생물의 증식과 호흡작용에 의하여 소비되는 용존산소의 양으로부터 측정하는 방법이다. 이 시험방법은 지표수, 지하수, 폐수 등에 적용할 수 있다.

2.4.3 측정기기 및 기구

1) 300 mL BOD병

2) 배양기

3) 전자저울

4) 뷰렛

5) 눈금피펫

6) 교반기

2.4.4 시약 및 용액

1) 용존산소(DO) 측정용 시약은 용존산소 시험방법(2.3)의 2.3.4 시약 및 용액 제조방법을 참조하여 동일하게 제조한다.

2) 희석수 제조용 용액

① A액(인산염 완충용액, pH 7.2): 인산일수소칼륨(dipotassium hydrogen phosphate, K_2HPO_4) 21.75 g, 인산이수소칼륨(potassium dihydrogen phosphate, KH_2PO_4) 8.5 g, 인산일수소나트륨 · 12수화물(disodium hydrogen phosphate, $Na_2HPO_4 \cdot 12H_2O$) 44.6 g, 염화암모늄(ammonium chloride, NH_4Cl) 1.7 g을 정제수에 녹여 1L로 한다.

② B액(황산마그네슘용액): 황산마그네슘 · 7수화물(magnesium sulfate heptahydrate, $MgSO_4 \cdot 7H_2O$) 22.5g을 정제수에 녹여 1L로 한다.

③ C액(염화칼슘용액): 염화칼슘(calcium chloride, $CaCl_2$) 27.5g을 정제수에 녹여 1L로 한다.

④ D액(염화제이철용액): 염화철(III) · 6수화물(ferric chloride hexahydrate, $FeCl_3 \cdot 6H_2O$)을 0.25 g을 정제수에 녹여 1L로 한다.

3) 표준용액

건조한(103℃, 1시간) 글루코오스(glucose, $C_6H_{12}O_6$) 및 글루탐산(glutamic acid, $C_5H_9NO_4$)을 각각 150 mg씩을 취하여 정제수에 녹여 1 L로 한다. 이 용액 5-10 mL를 3개의 300 mL BOD병에 넣고 BOD용 희석수로 채운다음 BOD 시험방법에 따라 시험하고, 시험한 결과 얻은 BOD 값은 200 ± 30 mg/L의 범위 안에 있어야 한다. 표준용액의 BOD 결과 값의 편차가 클 때는 희석수 및 시약등에 문제가 있으므로 시험전반에 대한 검토가 필요하다.

[희석수 제조] 20 ℃에서 포기하여 용존산소를 포화시킨 물 1L에 대하여 A액, B액, C액, D액을 각각 1mL씩 첨가함

[희석수의 구비조건]

1) 20±1℃에서 용존산소가 포화될 것

2) pH가 7.2로 완충할 것.

3) 호기성미생물 증식에 필요한 영양소(Ca, Mg, Fe, N, P 등)를 함유할 것

4) 20℃, 5일간 용존산소 감소가 0.2mg/L 이하일 것

5) 생물증식에 저해하는 잔류염소, 중금속 등을 제거할 것

[BOD용 식종수] 시료 중에 유기물질을 산화시킬 수 있는 미생물의 양이 충분하지 못할 때, 식종수를 제조하여 미생물을 시료에 넣어 줘야함.

[제조법] 하수나 하천수를 실온에서 24-36시간 침전시킨 후 상층액을 사용. 하수는 5-10 mL, 하천수는 10-50 mL을 취하고 희석수를 넣어 1 L로 함. 토양추출액을 사용할 경우에는 토양 약 200 g을 물 2 L에 넣어 교반하여 약 25시간 방치한 후 상층액 20-30 mL/L을 취하여 희석수를 넣어 1L로 함. 식종수는 사용시 조제함.

2.4.5 실험방법

1) 희석수(20℃에서 포기하여 용존산소를 포화시킨 물 1L에 대하여 A액, B액, C액, D액을 각각 1 mL씩 첨가)를 준비한다.
2) BOD병(300 mL)을 측정할 시료의 수만큼 준비한다. 여기서, 시료 하나에 2개의 병이 필요하므로 한 시료에 대해 2개의 병을 준비한다. 그리고 각 BOD 병에는 날짜, 시료번호, 희석배수 등을 기록해 둔다.①
3) 시료는 예상 BOD값으로부터 희석배율을 정하여([표 1] 및 아래 예시 1 참조) 희석시료를 2개를 한 조로 하여 조제한다. 이때, 시료를 넣고 나머지 부분은 희석수를 넣어 300 mL BOD 병을 완전히 채운다. (여기서, 희석이 필요 없는 시료는 300 mL 전체를 시료로 채운다)
4) 2개의 BOD병 중 한개의 병은 마개를 꼭 닫아 물로 마개주위를 밀봉한 후 BOD용 배양기에 넣고 20℃에서 5일간 배양한다. 나머지 한개의 병은 바로 초기 용존산소를 측정한다(2.3.5 용존산소 실험방법 참조).
5) 5일 후, 배양기내 BOD 병을 빼내어 초기 용존산소 측정방법과 동일하게 용존산소를 측정한다. 통상 5일 저장기간 동안 산소의 소비량이 40-70 % 범위가 되는 것이 적당하다.
6) 초기 DO와 5일 배양 후 남아있는 DO의 차로부터 BOD를 계산한다.

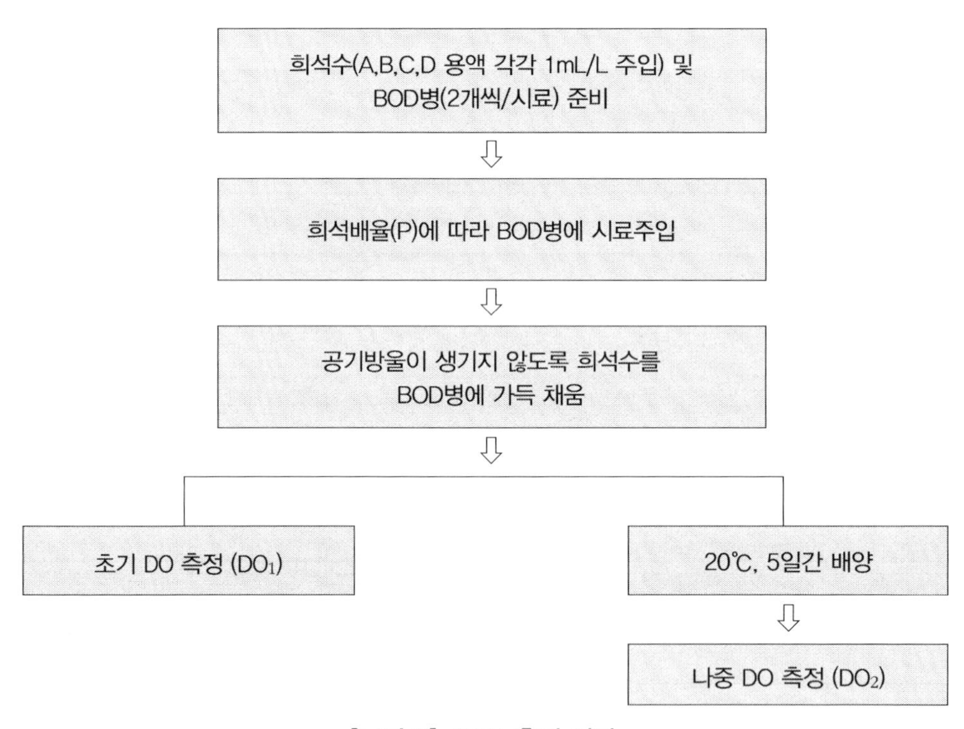

[그림 2] BOD 측정 절차

[희석배수]

희석배수는 시료에 대한 희석수의 비율을 나타내는 것으로 고농도의 시료를 몇 배 희석하여 사용했는지를 나타낸다. 희석배수는 총부피(시료량+희석수량)을 사용한 시료의 부피로 나누어 계산한다. 예를 들면, BOD 실험 시 시료를 10 mL 주입한 경우, 희석시료의 총부피는 300 mL 이므로 희석배수는 30배(=300/10)에 해당한다.

BOD 실험에서 고농도 시료의 경우 희석시료의 BOD가 2-6 mg/L (초기DO-나중DO)가 되고 5일 배양 후 용존산소가 최소 0.5 mg/L 이상이 되도록 희석배수를 정한다. 보통은 시료의 COD를 측정하고 BOD 값을 예측하여 희석배수를 결정한다(아래 예시 1 참조).

예시

COD가 300 mg/L이고 BOD가 COD의 60%인 시료일 때 예상 BOD는 180 mg/L 임.
(BOD농도 = (초기-나중DO; 농도차이가 2에서 6mg/L가 되도록 함) × 희석배수)
여기서, 최대 희석배수 : 180 / 2 = 90배, 최소 희석배수 : 180 / 6 = 30배 임
따라서 300 mL BOD 병에 넣을 시료량은 각각 약 3 mL와 10 mL가 됨.

* 예상 BOD값에 대한 사전경험이 없을 때에는 오염정도가 심한 공장폐수는 0.1 - 1.0 %, 처리하지 않은 공장폐수와 침전된 하수는 1 - 5 %, 처리하여 방류된 공장폐수는 5 - 25 %, 오염된 하천수는 25 - 100 %의 시료가 함유되도록 희석함.

[표 1] 시료의 예상 BOD값과 시료투입량

예상 BOD (mg/L)	시료 투입량(mL)	예상 BOD (mg/L)	시료 투입량(mL)
0 – 7	300	6 – 21	100
12 – 42	50	30 – 105	20
60 – 210	10	120 – 420	5
300 – 1,050	2	600 – 2,100	1
1,200 – 4,200	0.5	3,000 – 10,500	0.2
6,000 – 21,000	0.1	12,000 – 42,000	0.05

2.4.6 농도계산

1) 식종하지 않은 시료

BOD (mg/L) = $(D_1 - D_2) \times P$

여기서, D_1 : 시료의 초기 용존산소 농도 (mg/L)

D_2 : 시료의 5일 배양 후 용존산소 농도 (mg/L)

P : 희석배수 (= 총희석시료량/시료량)

2) 식종희석수를 사용한 시료

BOD (mg/L) = $[(D_1 - D_2) - (B_1 - B_2) \times f] \times P$

여기서, D_1 : 시료의 초기 용존산소 농도 (mg/L)

D_2 : 시료의 5일 배양 후 용존산소 농도 (mg/L)

B_1 : 희석된 식종액의 배양전 용존산소 농도 (mg/L)

B_2 : 희석된 식종액의 배양후 용존산소 농도 (mg/L)

f : 희석시료 중의 식종액 함유율 (x %)과 희석한 식종액 중의 식종액 함유율 (y %)의 비 (x/y)

P : 희석배수

2.4.7 주의사항

1) 용존산소를 측정하여 나타내는 BOD 값은 온도에 영향을 받으므로, 시료는 시험하기 전에 반드시 온도를 20±1℃로 조정한다.

2) 탄소성BOD를 측정할 때, 질산화 미생물로 인해 높은 BOD 값을 나타낼 수 있으므로, 이때에는 질산화 억제 시약을 사용하여 질소에 의한 산소 소비를 방지한다.

3) 시료 및 희석수등을 BOD병에 주입 시, 기포가 발생하지 않도록 조심해서 시료를 주입하도록 한다.

4) 배양기간은 5일로 규정되어 있으므로 시간을 지켜 실험하도록 한다.

2.4.8 실험결과 보고

실험 날짜	시료 번호	채취 장소	시료명	희석 배수	초기DO (mg/L)	나중DO (mg/L)	BOD (mg/L)

Eco-Mind 실험 시 발생하는 폐기물 발생량을 아래의 표에 적고, 수거 및 처리방법, 그리고 처리비용등에 대해 다 같이 알아봅시다.

(　　　)조 폐기물 발생량 내역

실험항목:　　　　날짜:　　　　조원이름:

폐기물 성상 및 종류[1]	폐기물 발생량	상태[2]	비고

1) 폐액(폐산 및 폐알카리), 종이류, 유리류(초자류 등), 플라스틱류(시약접시등), 금속류 등으로 구분하여 작성할 것
2) 고체 및 액체등으로 구분하여 작성할 것

비고

알아보기

2.4.9 요약 및 개념문제

요약

◎ 생화학적산소요구량(BOD)는 호기성 상태에서 박테리아가 수중의 분해 가능한 유기물질을 생화학적으로 산화하는데 필요한 산소량으로, 유기물량을 간접적으로 나타내는 지표임.

◎ BOD는 시료의 초기 DO와 20 ℃에서 5일 배양 후 남아 있는 DO의 차로부터 계산함

◎ BOD 계산(mg/L) = $(D_1 - D_2) \times P$

[문제 1] BOD 희석수의 역할에 대해 쓰시오.

[문제 2] 300 mL BOD병에 5 mL의 시료를 넣고 희석수로 채운 후 초기 DO가 8.5 mg/L이었고, 5일 후 DO가 5.5 mg/L였다면 이 시료의 BOD(mg/L)는?

[문제 3] 폐수의 BOD를 측정하기 위해 시료를 식종희석수로 30배 희석하고 이것을 20℃에서 5일간 배양하였다. 이 희석시료의 처음 DO는 8.5 mg/L, 5일 후 DO는 4 mg/L로 측정되었다면 이 폐수의 BOD(mg/L)는 얼마인가? (단, 식종희석수는 BOD 5 mg/L의 하천수를 5배 희석하여 사용하였다)

• 정답 •

[1] pH 7.2 유지를 위한 완충작용, 영양공급, 희석역할(즉, DO를 충분히 포화시킴)

[2] 180 mg/L

[3] 106 mg/L

2.4.10 참고자료

1) 수질오염공정시험기준(환경부고시 제2017-4호), 환경부, http://www.me.go.kr (2017).

2) 수질오염공정시험기준주해, 최규철 외 9인 저, 동화기술 (2014), 3장.

3) 신편 수질환경 기사 · 산업기사, 이승원 저, 성안당 (2018).

4) Standard Methods for the Examination of Water and Wastewater, $21^{th}ed$, APHA, AWWA, WEF (2005), Part 5210, "BOD".

5) US EPA Method 405.1, EPA (1974), "Biochemical Oxygen Demand(5days, 20℃)".

6) Wastewater Engineering Treatment and Resource Recovery, $5^{th}ed$, Metcalf & Eddy, McGraw-Hill (2014), Chap.2, pp. 118-119.

2.5 화학적 산소요구량 (COD)

화학적 산소요구량(Chemical Oxygen Demand, COD)은 수중의 유기물을 화학적으로 산화할 때 소비하는 산소량으로 정의할 수 있다. 일반적으로 산화제를 이용하여 유기물을 산화시켜 산소소비량을 측정하는 COD는 미생물이 분해 가능한 유기물만을 측정할 수 있는 BOD값에 비해 크게 나타난다. COD 측정 시 이용되는 산화제에는 과망간산칼륨($KMnO_4$)과 중크롬산칼륨($K_2Cr_2O_7$)이 있다. 우리나라 수질오염공정시험법에도 과망간산칼륨과 중크롬산칼륨을 산화제로 하여 COD를 측정하는 방법이 규정되어 있으나, 각종 수질환경기준에는 과망간산칼륨법(COD_{Mn})을 적용하도록 되어 있다. 과망간산칼륨은 중크롬산칼륨에 비해 산화력이 작아 COD_{Mn}으로 측정시 COD_{Cr}값에 비해 낮은 농도의 값을 나타낸다.

COD 실험은 시험시간이 2시간 내외로 BOD 측정시간인 5일보다 매우 짧고 수중에 유해성 물질이 존재 시에도 시험이 가능하다. 이러한 이유로 BOD 실험전에 COD 실험을 수행하여 BOD 농도 값을 예측하여 희석배수를 결정하는데 이용하기도 한다. COD의 측정방법에는 상기에 명시한 바와 같이 과망간산칼륨법(COD_{Mn})과 중크롬산칼륨법(COD_{Cr})이 있으며, COD_{Mn}법은 수중의 염소이온 농도에 따라 산성과 알칼리성 방법으로 구분된다. [표 1]에 COD_{Mn}과 COD_{Cr}법을 비교하여 나타내었다. 일반적으로 COD값이 BOD값보다 크나, BOD 시험중에 질산화가 발생하였거나 COD시험에 방해물질이 존재할 경우 BOD가 COD보다 더 크게 나타나기도 한다. COD는 생물분해가 가능한 COD (Biodegradable chemical oxygen demand, BDCOD)와 생물분해가 불가능한 COD (Non-biodegradable chemical oxygen demand, NBDCOD)로 구분되며, 여기서 BDCOD는 최종BOD(UBOD 또는 BODu)값으로 나타낸다. 이러한 COD와 BOD와의 관계를 살펴보면 다음과 같다.

[COD와 BOD와의 관계]

BOD = IBOD + SBOD　　* I = 비용해성(insoluble), S = 용해성(soluble)

COD = ICOD + SCOD

COD = BDCOD + NBDCOD　* BD = 생물분해 가능한 것(biodegradable)

* NBD = 생물분해 불가능한 것(non biodegradable)

$BDCOD = BOD_u = K \times BOD_5$

$* K = \frac{BOD_u}{BOD_5}$, 실험에 의해 결정되는 상수(도시하수 약 1.5)

$NBDCOD = COD - BOD_u$

ICOD = BDICOD + NBDICOD --〉 $NBDICOD = ICOD - IBOD_u$

[표 1] COD_{Mn}과 COD_{Cr} 비교

	COD_{Cr}	COD_{Mn}	
		산성 100(℃)	알칼리성 100(℃)
원리	• 시료를 황산산성으로 하여 중크롬산칼륨을 넣고 2시간 동안 가열반응시킴 • 소비된 중크롬산칼륨의 양을 구하기 위해 환원되지 않고 남아있는 중크롬산칼륨을 황산제일철암모늄용액(FAS)으로 청록색에서 적갈색으로 변할때까지 적정하여 소비된 중크롬산을 계산하고 이에 상당하는 산소의 양을 구함	• 시료를 황산산성으로 하여 과망간산칼륨을 넣고 30분간 수욕상에서 가열 • 0.005 M 과망간산칼륨용액을 사용하여 액이 엷은 홍색을 나타낼 때 까지 적정하여 이에 상당하는 산소량을 구함	• 시료를 알칼리성으로 하여 과망간산칼륨을 넣고 수욕상에서 가열 • 요오드화칼륨 및 황산을 넣어 남아 있는 과망간산 칼륨에 의해 유리된 요오드를 0.025 M 티오황산나트륨으로 무색이 될 때까지 적정하여 산소량을 구함
산화율	약 80 %	약 60%	약 60%
장 · 단점	• COD_{Mn}보다 산화율이 높음 • 재현성이 좋음 • 측정시간이 2시간 이상으로 COD_{Mn}법에 비해 길음	• 오염도가 낮은 하천 및 하수 분석에 적합 • 측정시간이 짧음 • 고농도 시료 측정시 오차가 크게 나타남	• 염소이온이 다량 함유된 해수 등 시료에 적합

2.5.1 COD_{Mn}법 (적정법_산성)

2.5.1.1 측정원리 및 적용범위

시료를 황산산성으로 하여 과망간산칼륨을 넣고 30분간 수욕상에서 가열반응 후, 소비된 과망간산칼륨량으로부터 이에 상당하는 산소량을 측정하는 방법이다. 이 시험방법은 지표수, 하수, 폐수등에 적용하며, 염소이온이 2,000 mg/L이하인 시료에 적용한다.

2.5.1.2 측정기기 및 기구

1) 둥근바닥플라스크 (300 mL)
2) 수욕조 (water bath)
3) 냉각관 : 300 mm 리비히 냉각관 또는 이와 동등한 것으로 사용함

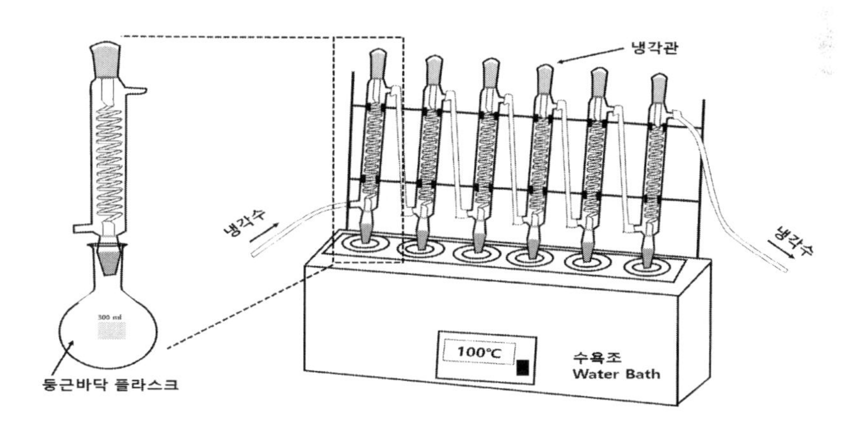

[그림 1] COD_{Mn} 측정기기 및 기구

2.5.1.3 시약 및 용액

1) 황산은 (silver sulfate, Ag_2SO_4): 98% 이상의 고순도 시약을 사용한다.

2) 황산(1+2) : 황산(sulfuric acid, H_2SO_4)과 정제수의 부피 비율을 1:2로 하여 필요한 만큼 제조한다. 예로 정제수 20 mL에 황산 10 mL를 교반하면서 천천히 넣어 식힌다. 제조시에는 반드시 정제수에 황산을 천천히 주입하면서 제조한다.(황산에 정제수를 갑자기 넣을 경우 열발생으로 인한 폭발의 위험이 있음).

3) 과망간산칼륨용액 (0.02 M): 3.2 g 과망간산칼륨(potassium permanganate, $KMnO_4$,)을 플라스크에 취하고 정제수 약 1,100 mL에 용해하여 1-2시간 조용히 끓여 하룻밤 암소에 방치한 후 여과한다. 이것을 갈색병에 넣어 암소에 보관한다.

4) 과망간산칼륨용액 (0.005 M): 과망간산칼륨용액(0.02 M) 250 mL를 정확히 취하고 정제수를 넣어 1,000 mL로 한다. (0.02 M 과망간산칼륨용액을 4배 희석)

5) 옥살산나트륨용액 (0.0125 M): 1시간 건조한(150-200℃) 옥살산나트륨(sodium oxalate, $Na_2C_2O_4$) 1.675g을 정제수에 녹여 1L로 한다.

[0.0125 M 옥살산 나트륨 제조방법]

옥살산나트륨 분자량을 곱하여 1 L에 들어갈 시약의 양(g)을 구함.(몰농도계산식 이용)

$$M(\frac{mol}{L}) = (\frac{순질량(g)}{용액(L)} \times \frac{1}{분자량(g/mol)}) \rightarrow M(\frac{mol}{L}) \times 분자량(\frac{g}{mol}) = \frac{순질량(g)}{용액(L)}$$

$$\frac{0.0125\ mol}{L} \times \frac{134\ g}{mol} = 1.675\ g/L$$

2.5.1.4 실험방법

1) 300 mL 둥근바닥 플라스크에 시료 적당량을 취하고 정제수를 넣어 총 부피를 100 mL로 한다.①
2) 시료에 황산(1+2) 10 mL와 1 g의 황산은(Ag_2SO_4)을 넣고 세게 흔들어 준 다음 수분간 정치한다.
   (수분간 정치 후 상등액층이 투명해짐)
3) 0.005M 과망간산칼륨용액 10 mL를 주입한다.
4) 시료가 들어있는 둥근바닥 플라스크를 냉각관과 연결②하고 100℃ 끓는 수욕조(물중탕기)에서 30분간 가열한다.③ 이때 수욕조의 수면이 시료의 수면보다 높게 하고, 플라스크가 수욕조 바닥에 닿지 않도록 한다.

①

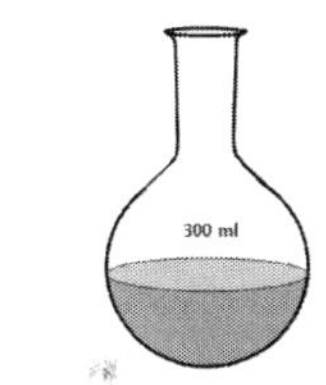

②

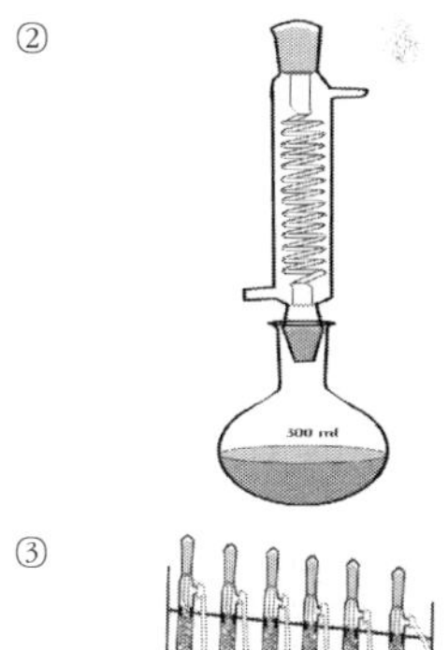

③

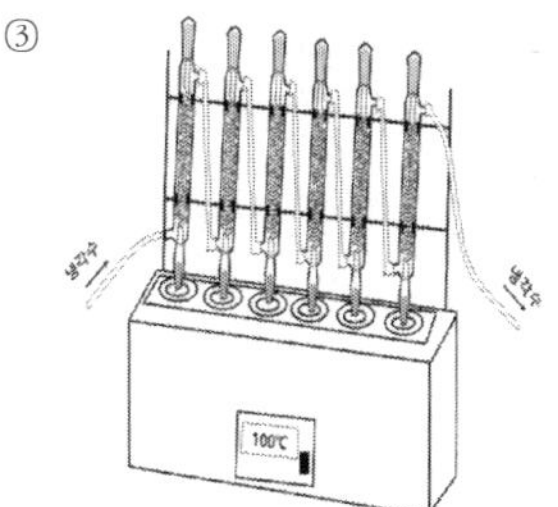

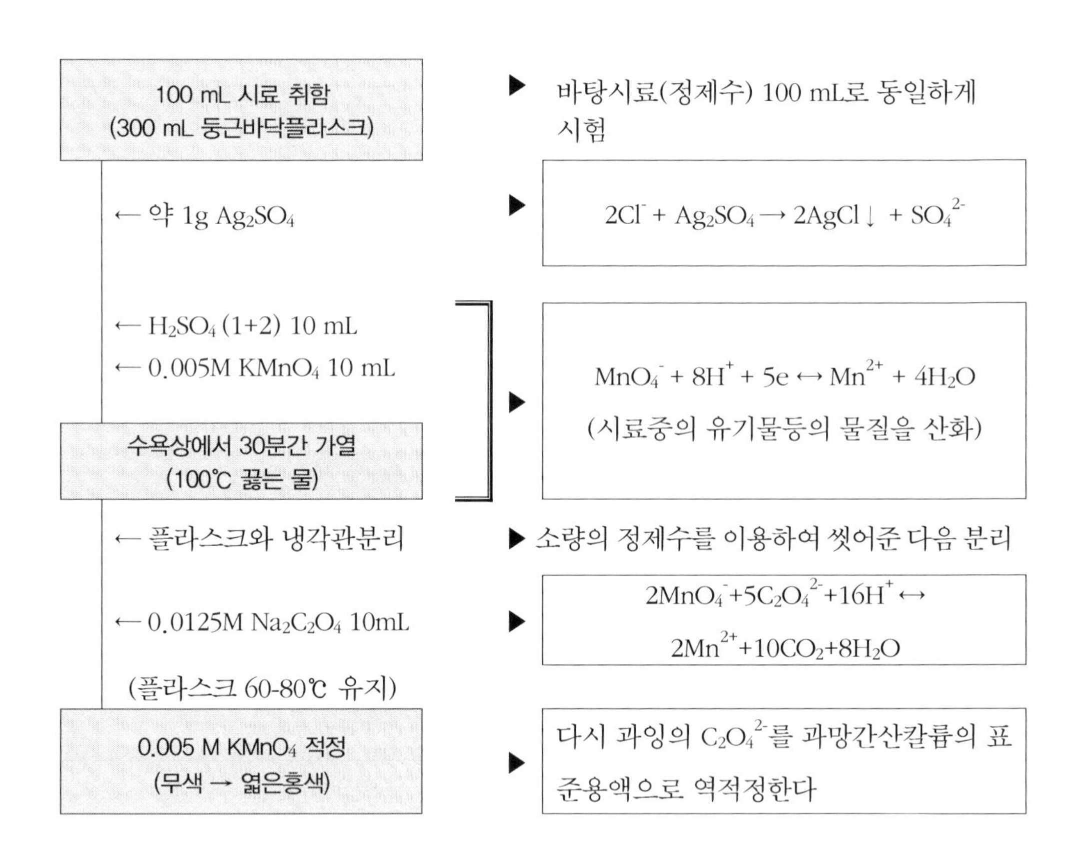

[그림 1] COD_{Mn}(산성) 측정절차

2.5.1.5 농도계산

COD (mg/L) = (b-a) × f × 1000/V × 0.2

여기서 a : 바탕시험 적정에 소모된 0.005 M 과망간산칼륨용액($KMnO_4$) (mL)

b : 시료의 적정에 소모된 0.005 M 과망간산칼륨용액($KMnO_4$) (mL)

f : 0.005 M 과망간산칼륨용액($KMnO_4$)의 역가(factor)

V : 시료의 양 (mL)

[표정] 역가(f) 구하기

300 mL 삼각 플라스크에 정제수 100 mL를 취하여 황산(1+2) 10 mL를 가하고 여기에 0.0125 M (=0.025 N) 옥살산나트륨 용액 10 mL를 가한다. 이 용액을 60-80℃로 유지하면서 과망간산칼륨용액($KMnO_4$) 0.005 M (=0.025 N) 용액으로 엷은 홍색이 나타날 때까지 적정한다. 그리고 다음 식에 의해 0.005 M 과망간산칼륨용액($KMnO_4$)의 역가를 계산하고 농도계산 시 이용한다.

$$f = \frac{10}{x} \text{ (}x\text{: 적정에 소모된 양)}$$

2.5.1.6 주의사항

1) 가열온도, 가열시간(30분), 과망간산칼륨농도, 시료중의 유기물 종류와 그 농도 등이 영향을 주므로 반응조건들을 일정하게 유지하여 재현성 있는 값을 얻도록 해야 한다.

2) 수욕조의 수면은 항상 플라스크내 시료의 수면보다 상부에 위치하도록 설치하고, 설치 시 플라스크가 수욕조 바닥에 닿지 않도록 유의한다.

3) 열려있는 냉각기 상부의 끝부분은 작은 비이커나 호일등으로 막아준다.

4) 플라스크 설치 시 가열된 수욕조내의 끓는 물 및 증기로 인해 데일 염려가 있으므로 주의한다.

5) COD의 대략값(예상치)을 알고 있을 때에는 다음식의 의해 시료량을 취할 필요가 있다.

$$V = 5 \times \frac{1000 \times 0.2}{\text{시료의 예상 } COD\text{값} (mg/L)}$$

2.5.1.7 실험결과 보고

실험 날짜	시료 번호	채취 장소	시료명	시료량 (mL)	적정에 소비된 $KMnO_4$용액의 양 (mL)		COD_{Mn} (mg/L)
					시료	바탕시험	

Eco-Mind 실험 시 발생하는 폐기물 발생량을 아래의 표에 적고, 수거 및 처리방법, 그리고 처리비용등에 대해 다 같이 알아봅시다.

(　　　)조 폐기물 발생량 내역			
실험항목:　　　날짜:　　　조원이름:			
폐기물 성상 및 종류[1]	폐기물 발생량	상태[2]	비고

1) 폐액(폐산 및 폐알카리), 종이류, 유리류(초자류 등), 플라스틱류(시약접시등), 금속류 등으로 구분하여 작성할 것

2) 고체 및 액체등으로 구분하여 작성할 것

비고

알아보기

2.5.2 COD_{Mn}법 (적정법_알칼리성)

2.5.2.1 측정원리 및 적용범위

시료를 알칼리성으로 하여 과망간산칼륨($KMnO_4$)을 넣고 60분간 수욕상에서 가열반응시키고 요오드화칼륨(KI)과 황산(H_2SO_4)을 넣어 남아있는 과망간산칼륨에 의하여 유리된 요오드의 양으로부터 산소의 양을 측정하는 방법이다. 이 시험기준은 염소이온 농도가 2,000 mg/L이상 인 하수 및 해수 시료에 적용한다.

2.5.2.2 측정기기 및 기구

1) 둥근바닥플라스크 (300mL)
2) 냉각관 : 300 mm 리비히 냉각관 또는 이와 동등한 것으로 사용함
3) 수욕조 (water bath)   4) 전자저울   5) 교반기

2.5.2.3 시약 및 용액

1) 10% 수산화나트륨용액: NaOH 10g을 정제수에 녹여 100 mL로 한다.

2) 0.005 M 과망간산칼륨용액: 과망간산칼륨(potassium permanganate, $KMnO_4$) 0.7902 g을 정제수로 녹여 1 L로 한다.

3) 4% 아자이드화나트륨용액: 아자이드화나트륨(sodium azide, NaN_3) 4 g을 정제수에 녹여서 100 mL로 한다.

4) 10% 요오드화칼륨용액: 요오드화칼륨(potassium iodide, KI) 10 g을 정제수에 녹여 100 mL로 한다. (사용시 조제)

5) 전분용액(지시약): 용해성 전분(starch) 1 g을 정제수 10 mL를 녹이고, 열수 100 mL에 넣은 다음 약 1 분간 끓이고 냉각하여 정치한다. 이후 상층액을 사용한다 (사용시 조제).

6) 0.1 M 티오황산나트륨용액: 티오황산나트륨·5수화물 26 g과 탄산나트륨 (sodium carbonate, Na_2CO_3) 0.2 g을 새로 끓여 식힌 정제수에 넣고 녹여 1 L로 한다. 여기에, 아이소아밀 알코올 (isoamyl alcohol, $C_5H_{11}OH$) 10 mL를 넣고 2일 방치한다.

7) 0.025 M 티오황산나트륨용액: 티오황산나트륨용액(0.1 M) 250 mL를 정확히 취하여 새로 끓여 식힌 정제수를 넣어 1,000 mL로 한다.
(0.1 M 티오황산나트륨용액을 4배 희석하여 사용)

8) 황산(2+1): 정제수 10 mL에 황산 20 mL를 교반하면서 천천히 넣어 식힌다.

2.5.2.4 실험방법

1) 300 mL 둥근바닥플라스크에 적당량의 시료와 정제수를 넣어 50 mL로 하고 수산화나트륨용액(10 %) 1 mL를 가해 알칼리성으로 만든다.

2) 여기에, 0.005 M 과망간산칼륨용액 10 mL를 넣는다.

3) 플라스크에 냉각관을 연결하고 수욕조의 수면이 시료의 수면보다 높게 하여 끓는 물에서 60분동안 가열한다.

4) 가열이 완료되면 정제수를 이용하여 냉각관을 씻어 주고 플라스크를 냉각관으로부터 분리한다.

5) 플라스크에 요오드화칼륨용액(10 %) 1 mL를 넣고 실온에서 냉각한다.

6) 4% 아자이드화나트륨 한 방울을 가하고, 황산(2+1) 5 mL를 넣어 요오드를 유리시킨다.

7) 전분 지시약 2 mL를 플라스크에 넣고 티오황산나트륨용액(0.025 M)으로 무색이 될 때까지 적정한다.

8) 따로 정제수 사용하여 같은 조건으로 바탕시험을 동일하게 진행한다.

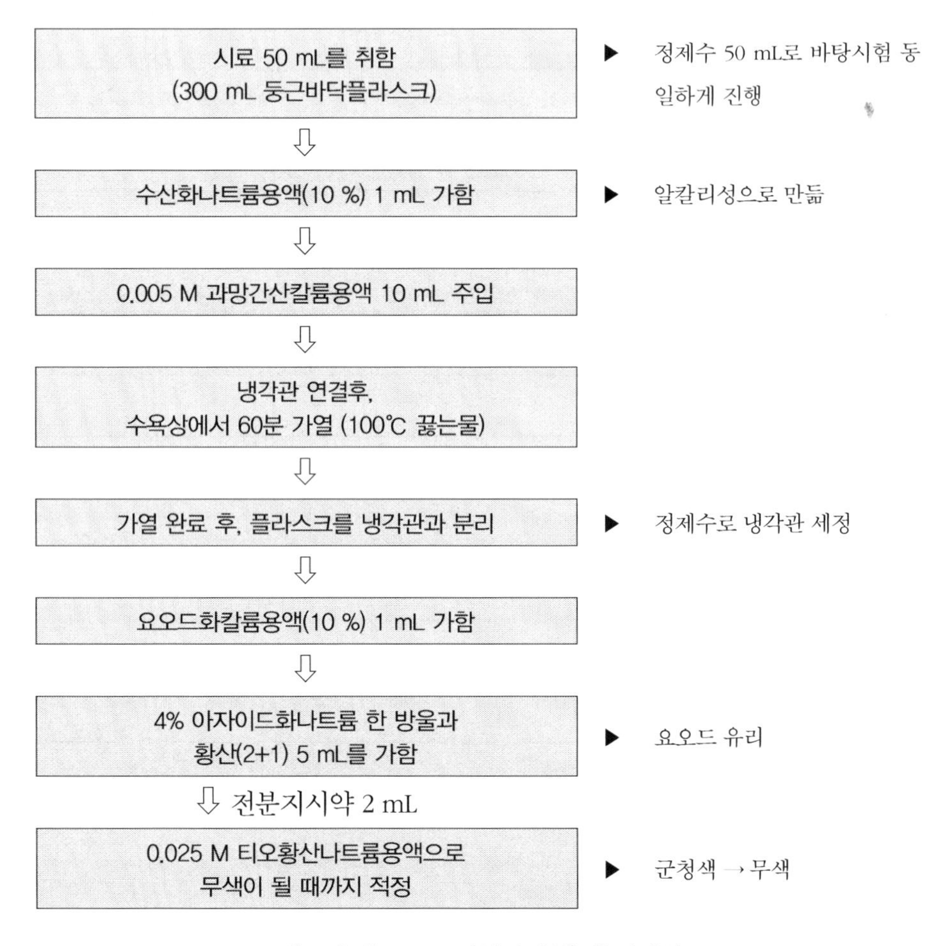

[그림 1] COD_{Mn}(알칼리성) 측정절차

2.5.2.5 농도계산

$$\text{화학적산소요구량 (mg/L)} = (a - b) \times f \times \frac{1000}{V} \times 0.2$$

여기서, a : 바탕시험 적정에 소비된 0.025 M 티오황산나트륨용액의 양 (mL)
b : 시료의 적정에 소비된 0.025 M 티오황산나트륨용액의 양 (mL)
f : 0.025 M 티오황산나트륨용액의 역가 (factor)
V : 시료의 양 (mL)

2.5.2.6 주의사항

1) 사용하는 유리기구등으로 인해 유기물 오염이 되지 않게 주의한다.

2) 가열과정에서 오차가 발생할 수 있으므로 수욕조의 온도와 가열시간(60분)은 정확히 준수한다.

3) 수욕조 수면은 항상 플라스크내 시료의 수면보다 상부에 위치하도록 설치하고, 설치시 플라스크가 수조 바닥에 닿지 않도록 한다.

4) 시료량은 60분간 가열 후 최초에 가한 과망간산칼륨의 1/2 이상이 잔류하도록 채취할 필요가 있다. COD의 대략값(예상치)을 알고 있을 때에는 다음식의 의해 시료량을 취할 필요가 있다.

$$V = 5 \times \frac{1000 \times 0.2}{\text{시료의 예상 } COD\text{값} (mg/L)}$$

2.5.2.7 실험결과 보고

실험 날짜	시료 번호	채취 장소	시료명	시료량 (mL)	적정에 소비된 티오황산나트륨용액의 양 (mL)		COD_{Mn} (mg/L)
					시료	바탕시험	

Eco-Mind 실험 시 발생하는 폐기물 발생량을 아래의 표에 적고, 수거 및 처리방법, 그리고 처리비용등에 대해 다 같이 알아봅시다.

( )조 폐기물 발생량 내역

실험항목: 날짜: 조원이름:

폐기물 성상 및 종류[1]	폐기물 발생량	상태[2]	비고

1) 폐액(폐산 및 폐알카리), 종이류, 유리류(초자류 등), 플라스틱류(시약접시등), 금속류 등으로 구분하여 작성할 것

2) 고체 및 액체등으로 구분하여 작성할 것

비고

알아보기

2.5.3 COD_{Cr}법 (적정법_다이크롬산칼륨법)

2.5.3.1 측정원리 및 적용범위

시료를 황산산성으로 하여 다이크롬산칼륨 일정과량을 넣고 2시간 가열반응 시킨 다음 환원되지 않고 남아 있는 다이크롬산칼륨을 황산제일철암모늄용액으로 적정하여 유기물 산화에 소모된 다이크롬산을 계산하고 이를 산소의 양으로 환산하여 구하는 방법이다. 이 시험기준은 지표수, 지하수 등에 적용하며, 정량범위는 COD 5 - 50 mg/L이다.

2.5.3.2 측정기기 및 기구

1) 300 mL 둥근바닥플라스크

2) 가열판(hot plate) 또는 맨틀 히터(mantle heater) [그림1]

3) 냉각관 : 300 mm 리비히 냉각관 또는 이와 동등한 것으로 사용함

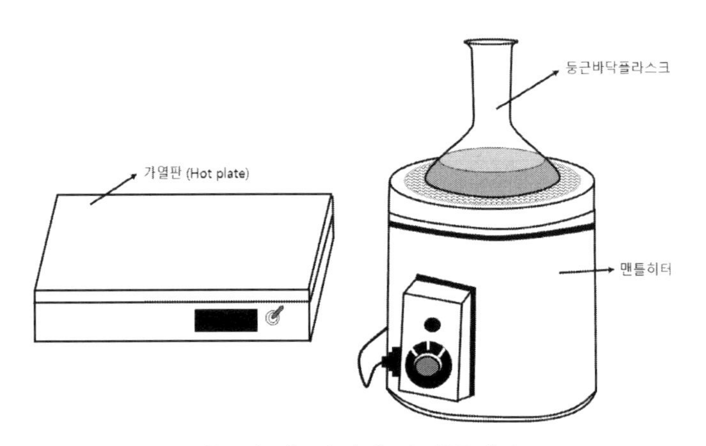

[그림 1] 가열판 및 맨틀히터

2.5.3.3. 시약 및 용액

1) 0.25 N 다이크롬산칼륨용액 (산화제): 2시간 건조한(103℃) 다이크롬산칼륨($K_2Cr_2O_7$)을 건조기(실리카겔)에서 식힌 후 12.26 g을 정밀히 담아 정제수에 녹여 1 L로 한다.

2) 0.025 N 다이크롬산칼륨용액: 0.25 N 다이크롬산칼륨용액 100 mL를 취하여 정제수에 넣어 정확히 1 L로 한다. (0.25 N 다이크롬산칼륨용액 10배 희석 사용)

3) 황산은 용액: 황산은(Ag_2SO_4) 11 g을 진한 황산 1 L에 녹인다. (용해되는데 시간이 많이 걸리므로 하루 전날 미리 제조하여 사용함)

4) 1,10-페난트로린 제일철 용액: 1,10-페난트로린(1,10-phenanthroline, $C_{12}H_8N_2$) 1.48 g과 황산제일철·7수화물(ferrous sulfate heptahydrate, $FeSO_4 \cdot 7H_2O$) 0.7 g을 정제수에 녹여 100 mL로 만든다.

5) 황산수은(mercuric sulfate, $HgSO_4$): 순도 98 % 이상의 시약을 사용한다.

6) 0.025 N 황산제일철암모늄용액 (FAS): 10 g 황산제일철암모늄·6수화물(ferrous ammonium sulfate hexahydrate, $Fe(NH)_2(SO_4)_2 \cdot 6H_2O$)을 정제수 약 500 mL에 녹이고, 진한 황산 20 mL를 가한 다음 정제수를 넣어 1 L로 한다.

[표정] 0.025 N 황산제일철암모늄 용액 f (농도계수) 값 구하기

0.025 N 다이크롬산칼륨용액 20 mL를 취하여 삼각플라스크에 넣고 정제수를 넣어 약 100 mL로 한 다음 진한 황산 30 mL를 넣는다. 냉각 후, 1,10-페난트로린제일철 용액 2-3방울을 넣고 0.025 N 황산제일철암모늄용액(FAS)을 사용하여 청록색에서 적갈색(종말점)으로 변할 때까지 적정한다.

* 농도계수(f) $= \frac{20}{x}$ 여기서, x : 적정에 소비된 0.025 N FAS의 양 (mL)

2.5.3.4 실험방법

1) 250 mL 둥근플라스크에 시료와 정제수를 넣어 20 mL로 하고, 여기에 황산수은 약 0.4 g을 넣고 잘 흔들어 섞는다. 그리고 비등석[1]을 몇 개 넣은 다음 천천히 흔들어 준다.

2) 플라스크에 황산은용액 2 mL를 넣고, 얼음 중탕안에서 0.025 N 다이크롬산칼륨용액 10 mL를 천천히 흔들어 주면서 넣는다.

3) 플라스크에 냉각관을 연결하고, 열린 냉각관 상부를 통해 28 mL의 황산은 용액을 주입한다. 주입이 끝나면 냉각관 끝을 작은 비이커나 알루미늄 호일로 덮어준다.

4) 2시간동안 가열판에서 가열하고, 가열이 끝나면 방냉 후 냉각관과 분리시킨다.

5) 플라스크의 전체 액량이 약 140 mL가 되도록 정제수를 넣고, 2-3방울의 1,10-페난트로린제일철 용액을 주입한다.

6) 0.025 N 황산제일철암모늄용액(FAS)를 사용하여 청록색에서 적갈색으로 변할 때까지 적정한다.

7) 따로 정제수 20 mL를 이용하여 위와 동일한 조건으로 바탕시험을 진행한다.

---

1) 끓임쪽이라고도 함. 갑자기 끓어오르는 것을 방지하기 위해 넣는 작은 유리나 돌조각.

20 mL 시료 및
정제수(바탕시험)
(250 mL 둥근바닥 플라스크)

← 0.4 g Ag_2SO_4

← 비등석 3-5개주입
(천천히 흔들어 줌)

← 황산은용액 2 mL

← 0.025 N $K_2Cr_2O_7$ 10mL
(얼음 중탕)

← 냉각관 상부를 통해
황산은용액 28 mL 주입

가열판(Hot plate)에서
2시간 가열

▶

다이크롬산에 의한 유기물 산화반응식

유기물의 산화: $C_6H_{12}O_6 + 6O_2 \rightarrow 6CO_2 + 6H_2O$

$Cr_2O_7^{2-}$의 환원: $4Cr_2O_7^{2-} + 56H^+ + 24e \rightarrow 8Cr^{3+} + 28H_2O$

$C_6H_{12}O_6 + 4Cr_2O_7^{2-} + 6O_2 + 56H^+ + 24e \rightarrow$

$8Cr^{3+} + 6CO_2 + 34H_2O$

이 식을 정리하면,

$C_6H_{12}O_6 + 4Cr_2O_7^{2-} + 32H^+ \rightarrow 8Cr^{3+} + 6CO_2 + 22H_2O$

분자식으로 완성을 하면,

$C_6H_{12}O_6 + 4K_2Cr_2O_7^{2-} + 16H_2SO_4 \rightarrow$

$8Cr_2(SO_4)_3 + 4K_2SO_4 + 6CO_2 + 22H_2O$

← 가열 종료 후 시료 방냉 ▶ 냉각관으로부터 플라스크 분리, 냉각기 등 세척

← 정제수 주입 ▶ 플라스크 전체 액량이 약 140 mL가 되도록 함

←
1,10-페난트로린제일철용액
2-3방울 (청록색)

0.025 N-FAS로 적정
(청록색 → 적자색)

FAS에 의한 다이크롬산의 환원 :

$Cr_2O_7^{2-} + 14H^+ + 6Fe^{2+} \rightarrow 2Cr^{2+} + 6Fe^{3+} + 7H_2O$

[그림 1] COD_{Cr} 측정절차 (적정법_다이크롬산칼륨법)

2.5.3.5 농도계산

$$화학적산소요구량 = (b - a) \times f \times \frac{1000}{V} \times 0.2$$

여기서, a : 바탕시험 적정에 소비된 0.025 N 황산제일철암모늄(FAS)용액의 양 (mL)

b : 시료의 적정에 소비된 0.025 N 황산제일철암모늄(FAS)용액의 양 (mL)

f : 0.025 N 황산제일철암모늄(FAS)용액의 역가 (factor)

V : 시료의 양 (mL)

2.5.3.6 주의사항

1) 이 시험방법은 COD가 낮은 시료(50 mg/L 이하)에 적용한다.

2) 사용하는 유리기구나 정제수가 유기물로부터 오염이 되지 않도록 주의한다.

3) Hot plate에서 가열하는 동안에 액의 색상이 청록색으로 변하면 유기물양이 많은 것이므로 희석배수를 증가시켜 재시험한다.

4) 시험 시 사용하는 황산은(Ag_2SO_4)은 독성이 매우 강하므로 피부에 닿지 않도록 조심해야 하며, 또한 그 화학약품의 증기를 호흡하는 일이 없도록 주의한다.

5) 냉각기 상부로 이물질이 들어가지 않도록 열려 있는 냉각기 상부의 끝부분은 작은 비이커나 알루미늄 호일등으로 막아준다.

2.5.3.7 실험결과 보고

실험 날짜	시료 번호	채취 장소	시료명	시료량 (mL)	적정에 소비된 FAS의 양 (mL)		COD_{Cr} (mg/L)
					시료	바탕시험	

Eco-Mind 실험 시 발생하는 폐기물 발생량을 아래의 표에 적고, 수거 및 처리방법, 그리고 처리비용등에 대해 다 같이 알아봅시다.

(　　　)조 폐기물 발생량 내역

실험항목:　　　　날짜:　　　　조원이름:

폐기물 성상 및 종류[1]	폐기물 발생량	상태[2]	비고

1) 폐액(폐산 및 폐알카리), 종이류, 유리류(초자류 등), 플라스틱류(시약접시등), 금속류 등으로 구분하여 작성할 것

2) 고체 및 액체등으로 구분하여 작성할 것

비고

알아보기

2.5.4 COD_{Cr}법 (Closed Reflux, Titrimetric Method_Standard Method)

2.5.4.1 측정원리 및 적용범위

시료에 포함된 유기물을 과량의 중크롬산으로 산화시키고, 남은 중크롬산을 환원제 황산제일철암모늄(FAS)로 적정하여 유기물 산화에 소모된 중크롬산의 양으로 산소량을 계산하는 방법이다.

2.5.4.2 측정기기 및 기구 [그림 1]

1) 50 mL COD 캡 시험관(Tube)
2) 가열블록(Heating block)
3) 볼텍스 믹서(Vortex mixer)

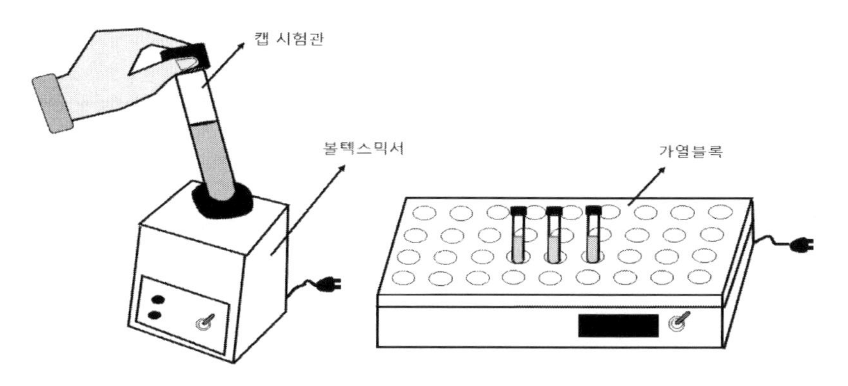

[그림 1] COD_{Cr} 측정기기 및 기구

2.5.4.3 시약 및 용액

1) Digestion solution: 정제수 약 500 mL에 103℃에서 2시간 건조시킨 다이크롬산칼륨($K_2Cr_2O_7$) 10.216 g과 진한 황산(H_2SO_4) 167 mL 그리고 33.3g의 황산수은($HgSO_4$)를 주입하여 상온에서 녹인 다음 정제수를 가하여 1 L로 만든다.

2) Sulfuric acid reagent: (황산은 용액) 황산은(Ag_2SO_4)를 5.5g Ag_2SO_4/kg H_2SO_4 비율로 첨가하여 녹인 후, 1~2일 방치시킨다. (2.5 L H_2SO_4 이용시 → 비중 1.84 kg/L인 진한 황산(H_2SO_4) 2.5L는 4.6kg이므로 4.6kg H_2SO_4에 첨가하여야 할 황산은의 양은 25.3 g 이다.)

3) Ferroin 지시약 1,10-phenanthroline monohydrate 1.485g과 $FeSO_4 \cdot 7H_2O$ 0.695 g을 정제수에 녹여 100 mL로 만든다.

4) 0.025 N FAS 용액: 정제수에 $Fe(NH_4)_2(SO_4)_2 \cdot 6H_2O$ 9.8g을 넣고 녹인 다음, 여기에 진한 황산 20 mL을 넣고 정제수를 추가하여 1 L로 한다.

5) KHP 표준용액 (500 mg/L) 120℃에서 건조한 potassium hydrogen phthalate ($HOOCC_6H_4COOK$) 0.425 g을 정제수에 넣어 1 L로 한다. 이 용액은 이론상 COD 500 mg/L이며, 3개월간 냉장보존 가능하다.

[참고] 시료량과 시험관에 첨가할 시약의 양은 다음 표와 같다. 여기서는, 50 mL 시험관 (25×150 mm)를 이용한 방법을 이용하므로, 총시료량 10 mL, Digestion Solution 6 mL, Sulfuric Acid Reagent 14 mL에 해당한다.

[표 1] 사용하는 tube 크기별 주입해야 할 시료량 및 시약의 양

Digestion Vessel		Sample (mL)	Digestion Solution (mL)	Sulfuric Acid Reagent (mL)	Total Final Volume (mL)
Culture tubes	16×100mm	2.5	1.5	3.5	`7.5
	20×150mm	5.0	3.0	7.0	15.0
	25×150mm	10.0	6.0	14.0	30.0

2.5.4.4 실험방법

1) 오염을 방지하기 위해 사용 전에 50 mL 시험관과 마개를 깨끗이 세척하여 준비한다.①

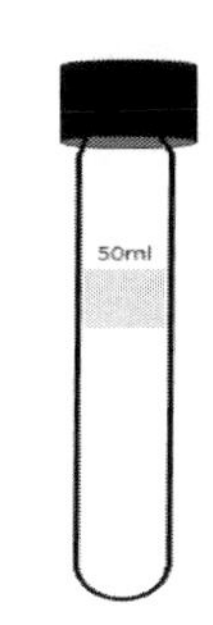

2) 시험관에 균질 되게 혼합된 시료 10 mL를 주입한다(농도가 높을 시에는 희석하여 사용)

3) 시험관에 digestion solution 6 mL과 sulfuric acid reagent 14 mL을 주입한다. 이때, 청록색으로 색이 변하면 유기물 양이 많은 것이므로 희석배수를 높여 재시험한다.

4) 시험관의 마개를 단단히 막고, 혼합기(볼텍스믹서)를 이용하여 시료와 시약이 완전혼합이 되도록 섞는다.② 이때, 시약이 마개에 닫지 않도록 주의한다.

②

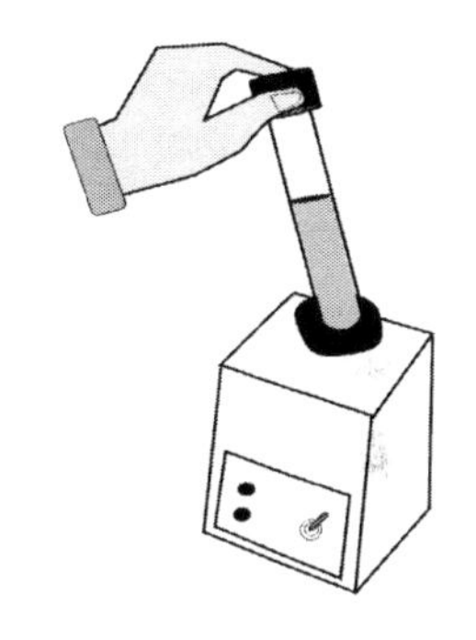

5) 시험관을 150℃로 가열된 hot plate의 알루미늄홀에 넣고 2시간 동안 분해한다.③

7) 가열(분해)이 끝나면 시험관을 실온에서 방냉한다.

8) 시료를 삼각플라스크에 옮기고 ferroin 지시약을 2-3방울 첨가한다.

9) 플라스크를 교반기 위에 올려놓고 교반하면서 FAS용액으로 적갈색이 나타날 때까지 뷰렛으로 적정한다.
(적갈색으로 변하는 순간이 종말점이다)

③

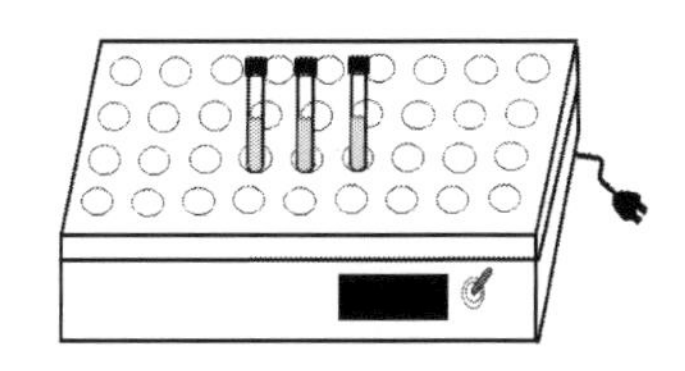

10) 같은 방법으로 시료대신 정제수 10 mL를 넣고 시험하여 blank(바탕시험)으로 한다. 또한, 희석한 표준용액(KHP) 10 mL로 동일하게 시험을 진행한다.

시료 10 mL
(50 mL 시험관)

▶ 정제수(바탕시험) 10 mL와 희석한 KHP 용액 10 mL로 동일하게 시험진행

← 6mL Digestion solution

← 14mL Sulfuric acid solution

← 마개 닫고 혼합

150℃ Hot plate
(2시간 분해)

← 분해 종료후 시료 방냉

← Ferroin 지시약 3방울 주입 (청록색)

0.025 N FAS로 적정
(청록색 → 적자색)

[그림 1] COD_{Cr} 측정절차 (Closed Reflux법_Standard Method)

2.5.4.6 농도계산

$$\text{화학적산소요구량 (COD) (mg/L)} = (b - a) \times f \times \frac{1000}{V} \times 0.2$$

여기서, a : 바탕시험 적정에 소비된 0.025 N FAS 용액의 양 (mL)
b : 시료의 적정에 소비된 0.025 N FAS 용액의 양 (mL)
f : 0.025 N FAS의 역가 (factor)
V : 시료의 양 (mL)

2.5.4.7 주의사항

1) 사용하는 유기기구나 공기로부터 유기물의 오염이 되지 않도록 주의한다.

2) Hot plate에 가열하기 전(황산은 용액 주입 후)이나 가열하는 동안 액의 색상이 청록색으로 변하면 유기물양이 많은 것이므로 희석배수를 높여 재시험한다.

3) 시험시 장갑과 마스크, 보호안경등의 안전장치를 착용하고, 시약(황산)에 의한 화상에 주의한다.

2.5.4.8 실험결과 보고

실험 날짜	시료 번호	채취 장소	시료명	시료량 (mL)	적정에 소비된 FAS의 양 (mL)		COD_{Cr} (mg/L)
					시료	바탕시험	

Eco-Mind 실험 시 발생하는 폐기물 발생량을 아래의 표에 적고, 수거 및 처리방법, 그리고 처리비용등에 대해 다 같이 알아봅시다.

(　　　)조 폐기물 발생량 내역

실험항목:　　　날짜:　　　조원이름:

폐기물 성상 및 종류[1]	폐기물 발생량	상태[2]	비고

1) 폐액(폐산 및 폐알카리), 종이류, 유리류(초자류 등), 플라스틱류(시약접시등), 금속류 등으로 구분하여 작성할 것
2) 고체 및 액체등으로 구분하여 작성할 것

비고

알아 보기

2.5.5 요약 및 개념문제

요약

◎ 화학적 산소요구량(COD)는 수중의 유기물을 화학적으로 산화할 때 소비하는 산소량으로 정의됨.

◎ COD 측정시 이용되는 산화제 : 과망간산칼륨($KMnO_4$), 다이크롬산칼륨($K_2Cr_2O_7$)

◎ COD 측정법 : COD_{Mn}(산성 또는 알칼리성), COD_{Cr}

◎ COD_{Mn} 실험조건(산성) -가열시간: 30분, 산화제: 과망간산칼륨, 적정용액: 0.005 M 과망간산칼륨용액, 종말점: 엷은 홍색

◎ COD_{Cr} 실험조건 -가열시간: 2시간, 산화제: 다이크롬산칼륨, 적정용액: 0.025 N FAS, 종말점: 적갈색, 지시약: Ferroin

[문제 1] 과망간산칼륨(산성, 100℃)에 의한 COD 측정시 종말점의 색변화는?

㉠ 남청색–무색 ㉡ 엷은청색–무색 ㉢ 무색–엷은홍색 ㉣ 남청색–적갈색

[문제 2] COD_{Cr} 측정과 COD_{Mn}(산성) 측정시간이 제대로 묶여진 것은?

㉠ 2시간, 1시간 ㉡ 2시간, 30분 ㉢ 30분, 3시간 ㉣ 1시간, 30분

[문제 3] 어느 공장폐수의 COD를 측정하기 위해 시료 25 mL에 정제수를 가하여 100 mL로 하여 실험한 결과 0.005M $KMnO_4$가 10.1 mL 최종 소모되었다. 이 공장의 COD는 얼마인지 계산하시오. (단, 바탕시험의 적정에 소요된 0.005M $KMnO_4$는 0.1 mL이고, 역가는 1이다.)

• 정답 •

[1] ㉢ **[2]** ㉡ **[3]** 80 mg/L

2.5.7 참고자료

1) 수질오염공정시험기준(환경부고시 제2017-4호), 환경부, http://www.me.go.kr (2017).

2) 수질오염공정시험기준주해, 최규철 외 9인 저, 동화기술 (2014), 3장.

3) 신편 수질환경 기사 · 산업기사, 이승원 저, 성안당 (2018).

4) Chemistry for environmental engineering and Science, $5^{th}ed$, C.N.Sawyer, P.L.McCarty, G.F.Parkin, McGraw Hill, Chap.24/ 번역본: 환경화학, 김덕찬 외 2인 역, 동화기술 (2005), 24장.

5) Standard Methods for the Examination of Water and Wastewater, $21^{th}ed$, APHA, AWWA, WEF (2005), Part 5220, "Chemical oxygen demand (COD)".

6) US EPA Method 410.1, EPA (1979), "Chemical Oxygen Demand".

2.6 질소(Nitrogen, N)

질소는 모든 생명체의 필수 원소이며, 환경공학에서의 질소는 자정작용과 관련이 있어 수질의 위생지표로 이용되고 있는 중요한 화합물이다. 질소는 산화 상태에 따라 7가지의 형태(NH_3, N_2, N_2O, NO, N_2O_3, NO_2, N_2O_5)로 존재한다. 이 중 세가지의 질소 화합물(NH_3, N_2O_3, N_2O_5)은 아래와 같이 물과 결합하여 무기 이온종을 형성하며, 수중에서 높은 농도로 존재할 수 있다.

$$NH_3 + H_2O \rightarrow NH_4^+ + OH^- \quad \text{(식 1)}$$

$$N_2O_3 + H_2O \rightarrow 2H^+ + 2NO_2^- \quad \text{(식 2)}$$

$$N_2O_5 + H_2O \rightarrow 2H^+ + 2NO_3^- \quad \text{(식 3)}$$

이처럼 수중에 존재하는 암모늄 이온(NH_4^+), 아질산 이온(NO_2^-), 질산 이온(NO_3^-)은 수질환경에 영향을 미칠 수 있어 중요한 항목으로 인식되고 있다. 이 외에도 유기질소 형태가 환경에서 중요하며, 이 4가지 형태(유기질소, 암모니아성질소, 아질산성질소, 질산성질소)를 통틀어 총 질소(Total Nitrogen, TN)라 한다. 여기서, 유기질소와 암모니아성질소의 합을 TKN (Total Kjeldahl Nitrogen)이라고 한다. ($TN = TKN + NO_2 + NO_3$)
질소는 수질에서 뿐만아니라 대기에도 존재하고 있는 물질로 생물학학적, 화학적, 광화학적 과정을 통해 화학적인 형태나 산화상태로 전환되면서 계속적으로 순환된다[그림 1].

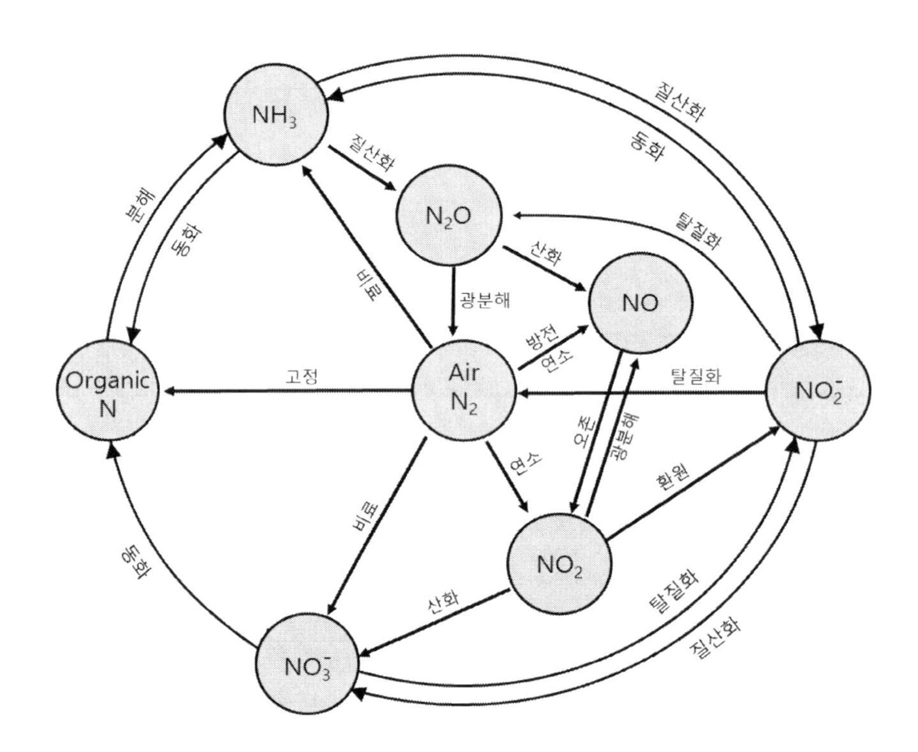

[그림 1] 질소 순환

이러한 질소 순환과정 중에서 수질에서는 생물학적 처리 공정제어(질소제거)의 일환으로 질소의 질산화와 탈질화가 매우 중요하다. 오염된 하천이나 폐수에서 질소의 대부분이 본래 유기질소의 형태(단백질)과 암모니아로 존재하는데 이는 시간이 경과(또는 호기성 처리)됨에 따라 이 유기질소가 암모니아성 질소로, 다시 호기성 조건에서 아질산성 질소와 질산성 질소로 산화된다[그림 2]. 이 과정을 질산화라 한다. 질산화 된 질산성 질소는 다시 탈질과정을 통해 질소가스로 되며 이 과정을 탈질화라 한다. 이러한 질산화와 탈질화 과정을 통해 질소가 제거가 되므로 환경에서 질소순환을 이해하는 일은 매우 중요하다.

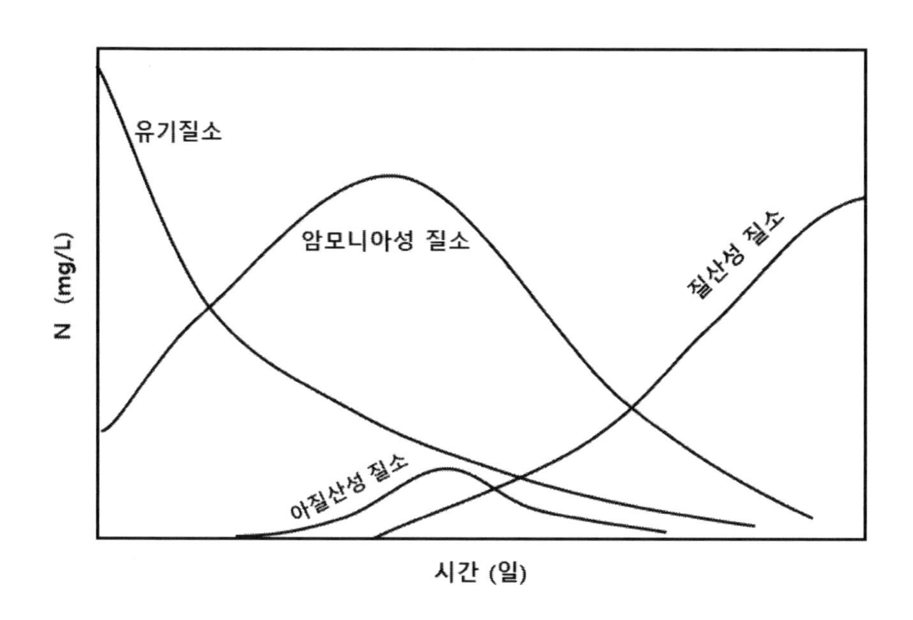

[그림 2] 오염된 물에서 나타나는 질소 형태의 변화(호기성 조건)

2.6.1 총질소(Total Nitrogen)_자외선/가시선 분광법(산화법)

2.6.1.1 측정원리 및 적용범위

시료 중 질소화합물을 알칼리성 과황산칼륨을 사용하여 120℃에서 유기물과 함께 분해하여 질산이온으로 산화시킨 후 산성상태로 하여 흡광도를 220 nm에서 측정하여 총질소를 정량하는 방법이다.

2.6.1.2 측정기기 및 기구

1) 고압증기멸균기(Auto clave): 120℃에서 가열 가능한 것

2) 분해병: 용량 약 100 mL의 내압 · 내열의 마개 있는 유리병

3) 저울

4) 여과장치

5) 분광광도계: 220 nm 측정 가능한 것

2.6.1.3 시약 및 용액

1) 알칼리성과 황산칼륨용액:	정제수 500 mL에 수산화나트륨(NaOH) 20 g과 과황산칼륨(potassium persulfate, $K_2S_2O_8$) 15 g을 넣어 녹인다.(사용시 조제)
2) 염산(1+16):	염산과 정제수의 비율을 1:16의 부피로 제조한다. 정제수 160 mL에 진한 염산(hydrochloric acid, HCl, 함량: 36.5~38 %) 10 mL를 넣어 제조한다.
3) 염산(1+500):	정제수 500 mL에 진한 염산(HCl) 1 mL를 넣어 제조한다.
4) 표준원액 (100 mg/L):	건조한(105~110℃, 4시간) 질산칼륨(potassium nitrate, KNO_3) 0.7218 g을 정제수에 녹여 1 L로 한다.
5) 표준용액 (20 mg/L):	표준원액(100 mg/L) 20 mL를 정확히 취하여 정제수를 넣어 100 mL로 한다. (표준원액을 5배 희석해서 사용)

2.6.1.4 실험방법

1) 시료 50 mL(질소함량이 0.1 mg 이상일 경우에는 희석)를 분해병①에 넣고 알칼리성과황산칼륨 용액 10 mL를 넣어 마개를 닫고 흔들어 섞는다.
2) 분해병을 고압증기멸균기②에 넣고 가열(120℃, 30분)한다.
3) 가열 분해가 완료되면 분해병을 꺼내어 냉각한다.
4) 시료의 상층액을 취하여 유리섬유여과지 (GF/C)로 여과한다. 이때, 처음 여과액 5~10 mL는 버리고 다음 여과액 25 mL를 정확히 취하여 50 mL 비커 또는 비색관에 옮긴다.
5) 여기에 염산(1+16) 5 mL를 넣어 pH 2-3으로 한다.
6) 이 용액의 일부를 10 mm 흡수 셀에 옮겨 220 nm에서 흡광도를 측정③한다.
7) 바탕시험: 따로 정제수 50 mL를 취하여 위와 동일한 시험방법 분석하여 220 nm에서 흡광도를 측정한다.
8) 표준용액을 이용하여 검정곡선을 작성하고 질소량과 흡광도와의 관계식으로부터 시료내 질소량을 계산하여 구한다.

①

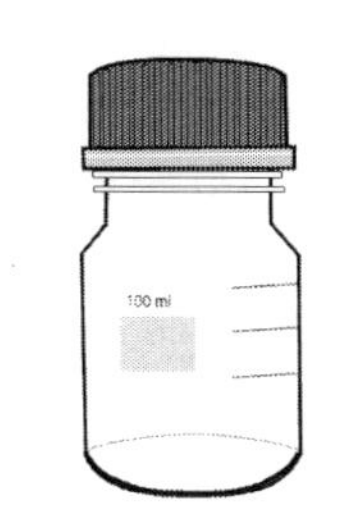

②

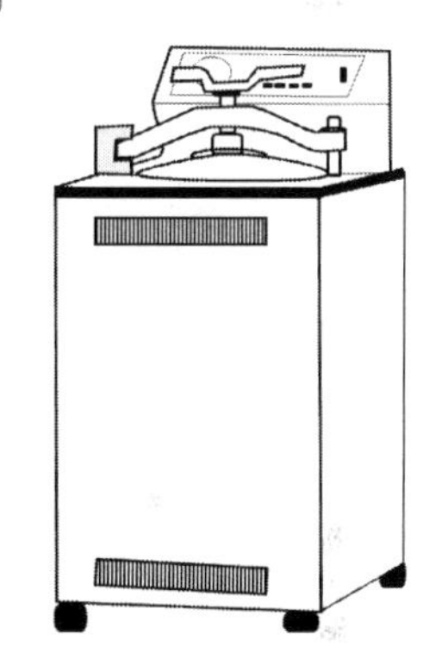

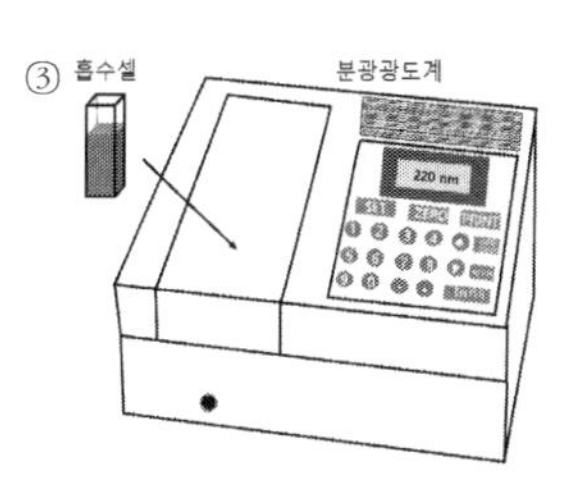

* 흡광도 측정시에는 용액의 농도가 낮은 것부터 순차적으로 측정한다. 즉, 농도가 가장 낮은 바탕시험액(blank)을 제일 먼저 측정한다.

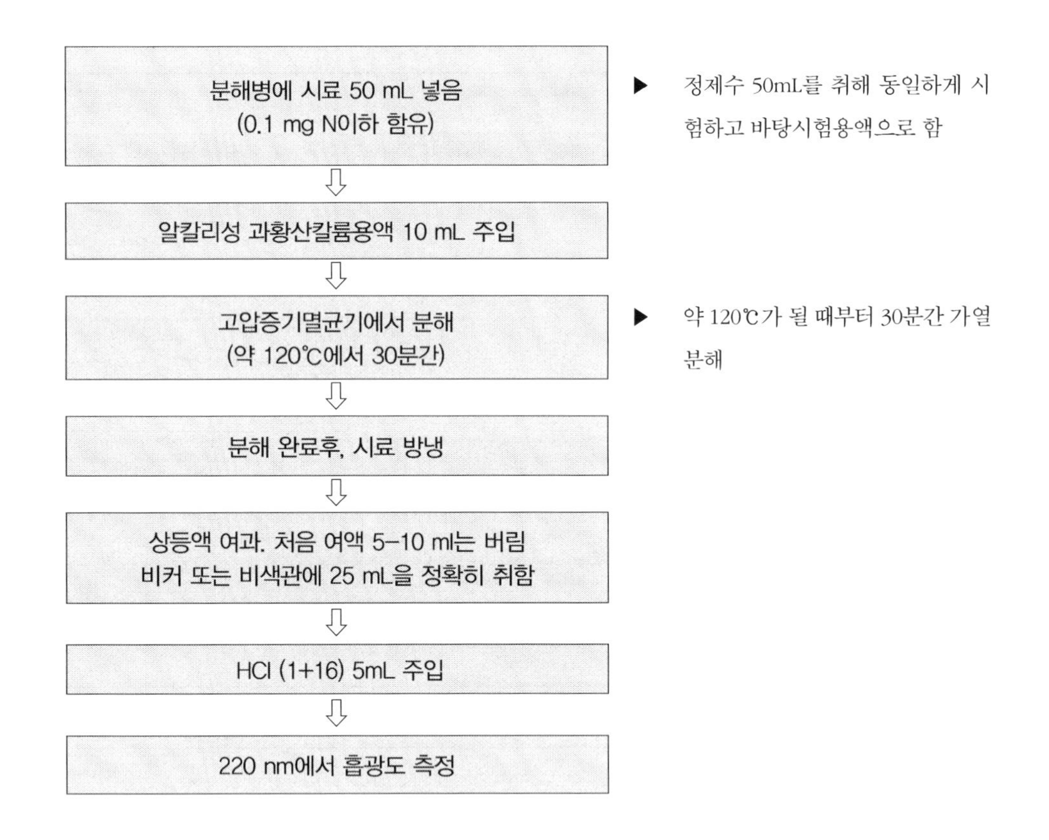

[그림 1] 총질소(TN) 실험절차

2.6.1.5 검정곡선 작성

1) 표준용액(20 mg/L)을 0-10 mL를 단계적으로 취하여 100 mL 부피플라스크에 넣고 정제수를 넣어 표선을 채운다. 검량곡선 작성을 위한 표준용액은 바탕용액을 제외하고 3개 이상 제조한다. 100 mL 용액중 25 mL씩을 정확히 취하여 각각 50 mL 비커 또는 비색관에 넣고 염산(1+500) 5 mL를 넣은 다음 이 용액의 일부를 10 mm 흡수 셀에 옮겨 220 nm에서 흡광도를 측정하고 질소의 양과 흡광도와의 관계선을 작성한다.

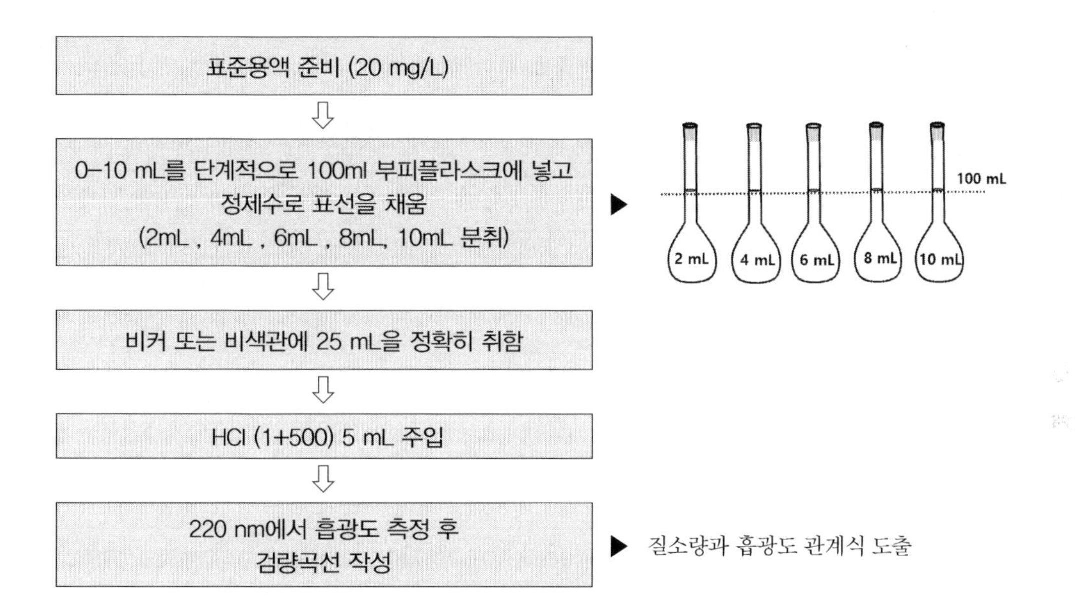

[그림 2] 검량선 작성 실험절차

2.6.1.6 농도계산

미리 작성한 검정곡선으로부터 질소의 양을 구하여 다음 식으로 시료 중의 총 질소 농도를 산출한다.

$$총\ 질소\ (mg/L) = a \times \frac{60}{25} \times \frac{1,000}{V} \qquad (식\ 4)$$

여기서, a : 검정곡선으로부터 구한 질소의 양 (mg)

V : 전처리에 사용한 시료량 (mL)

[검정곡선 작성 및 질소농도 계산 예시]

예시 표준용액(20 mg/L = 0.02 mg/mL) 2, 4, 8, 10 mL를 단계적으로 취하여 시험하고 다음의 흡광도 값을 얻었다. 다음 값을 이용하여 검정곡선식을 유도하고 질소농도를 계산하시오. 또한, 그래프도 작성하시오.

표준액 분취량 (mL)	흡광도
2	0.092
4	0.178
8	0.339
10	0.439
바탕실험액 (B)	0.007
미지시료	0.181

풀이 1) 표준액 분취에 따른 질소량은 다음과 같이 각각 계산할 수 있음.

표준액 분취량 (mL)	25 mL를 취한 질소의 양(mg) (X)	흡광도	흡광도–B (Y)
2	$0.02(mg/mL) \times 2mL \times \frac{25mL}{100mL} = 0.01mg$	0.092	0.085
4	$0.02(mg/mL) \times 4mL \times \frac{25mL}{100mL} = 0.02mg$	0.178	0.171
8	$0.02(mg/mL) \times 8mL \times \frac{25mL}{100mL} = 0.04mg$	0.339	0.332
10	$0.02(mg/mL) \times 10mL \times \frac{25mL}{100mL} = 0.05mg$	0.439	0.432
바탕실험액 (B)		0.007	
미지시료 (5배 희석한 시료임)		0.181	0.174

2) 질소량(X)과 흡광도(Y)값을 이용하여 직선식 Y=AX+B를 유도함. 엑셀프로그램 이용시 그래프 작성 및 관계식을 쉽게 구할 수 있음. 하지만, 수질기사(작업형) 시험시에는 직접 구해야 하므로 여기에서는 직접 관계식을 구하는 방법을 사용함.

직선식 Y=AX+B를 구하기 위해서는 아래표를 작성한 후, 다음의 식을 이용하여 A(기울기)와 B(y절편), R(상관계수)를 구해야함.

표준액(ml)	X (mg) (질소량)	Y(흡광도) 보정값	XY	X^2	Y^2
2	0.01	0.085	0.0009	0.0001	0.0072
4	0.02	0.171	0.0034	0.0004	0.0292
8	0.04	0.332	0.0133	0.0016	0.1102
10	0.05	0.432	0.0216	0.0025	0.1866
Σ	0.1200	1.0200	0.0392	0.0046	0.3333

$$A=\frac{n\sum X\cdot Y-\sum X\sum Y}{n\sum X^2-\sum X\sum X} \qquad B=\frac{\sum X^2\sum Y-\sum X\sum XY}{n\sum X^2-\sum X\sum X}$$

$$R=\frac{n\sum XY-\sum X\sum Y}{\sqrt{[n\sum X^2-(\sum X)^2][n\sum Y^2-(\sum Y)^2]}}$$ 여기서, n은 표준액 개수임 (n=4)

위의 표에서 구한 ΣX, ΣXY, ΣY, ΣX^2 값을 윗 식에 대입하여 A, B, R 값을 구하면, A= 8.55, B= -0.0015, R= 0.9992로 계산됨. 따라서 검정곡선식 Y = 8.55 X – 0.0015 임. 그래프는 질소량 X 값과 흡광도 Y값(보정값)을 이용하여 아래와 같이 작성함

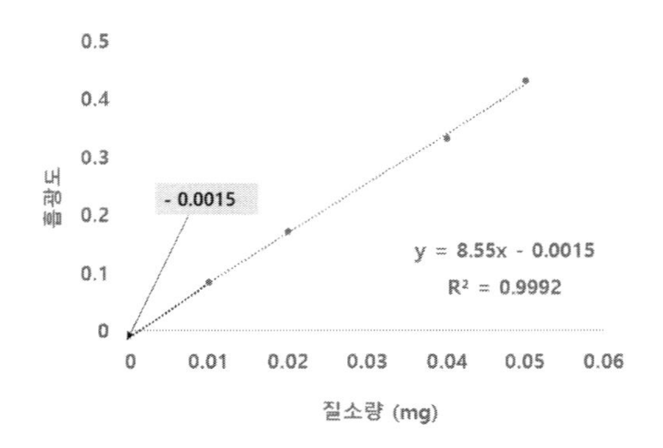

검정곡선식을 이용하여 미지시료의 흡광도(Y, 보정값)가 0.174일 때 질소량(mg)을 구할 수 있음. 식에 대입하면, 0.174 = 8.55 × X – 0.0015임.

따라서, 미지시료의 질소량 X= 0.0205 mg으로 계산됨. 식으로부터 질소량이 도출되었

으므로, 농도계산식을 이용하여 다음과 같이 미지시료의 농도를 계산함.

$$\text{미지시료 TN농도 (mg/L)} = a \times \frac{60}{25} \times \frac{1,000}{V} = 0.0205 \times \frac{60}{25} \times \frac{1,000}{50} \times 5(\text{희석배수})$$

$$= 4.92 \text{ mg/L}$$

2.6.1.7 실험결과 보고

실험날짜	시료번호	채취장소	시료명	시료량 (희석배수) or 표준용액분취량 (mL)	흡광도

Eco-Mind 실험 시 발생하는 폐기물 발생량을 아래의 표에 적고, 수거 및 처리방법, 그리고 처리비용등에 대해 다 같이 알아봅시다.

( )조 폐기물 발생량 내역 실험항목: 날짜: 조원이름:			
폐기물 성상 및 종류[1]	폐기물 발생량	상태[2]	비고

1) 폐액(폐산 및 폐알카리), 종이류, 유리류(초자류 등), 플라스틱류(시약접시등), 금속류 등으로 구분하여 작성할 것
2) 고체 및 액체등으로 구분하여 작성할 것

2.6.2 암모니아성 질소(Ammonia Nitrogen, NH_3) _자외선/가시선 분광법

암모니아(NH_3)는 비등점이 -33 º C의 기체이나 분배계수가 0.0007로서 매우 작으므로 용해도가 큰 기체이다. 암모니아가 물에 용해되면, $NH_3 + H_2O \leftrightarrow NH_4OH \leftrightarrow NH_4^+ + OH^-$의 평형으로 존재하며, 알칼리성에서는 $NH_4OH \leftrightarrow NH_3 + H_2O$, 산성에서는 NH_4^+의 형태로 존재한다. 물속에 존재하는 암모니아성 질소는 동물의 배설물 중에서 유기성 화합물이 분해되면서 생성된다. 암모니아 자체는 위생상 무해하나 주로 생물 유체 또는 분뇨 중의 요소의 분해 산물로서 나타나므로 수질오염의 지표가 된다.

- 단백질의 가수분해 → 각종 아미노산 → 암모니아(NH_3) → NO_2^- → NO_3^-
- 요소 $CO(NH_2)_2$ + $2H_2O$ → $(NH_4)_2CO_3$

2.6.2.1 측정원리 및 적용범위

물속에 존재하는 암모니아성 질소를 측정하기 위해 암모늄이온이 하이포염소산의 존재하에서, 페놀과 반응하여 생성하는 인도페놀의 청색을 630 nm에서 측정하는 방법이다. 이 시험방법은 지표수, 지하수, 폐수 등에 적용할 수 있으며, 정량범위는 0.01 mg/L이다.

2.6.2.2 측정기기 및 기구

1) 증류장치 [그림 1]

2) 저울

3) 분광광도계: 630 nm 측정 가능한 것

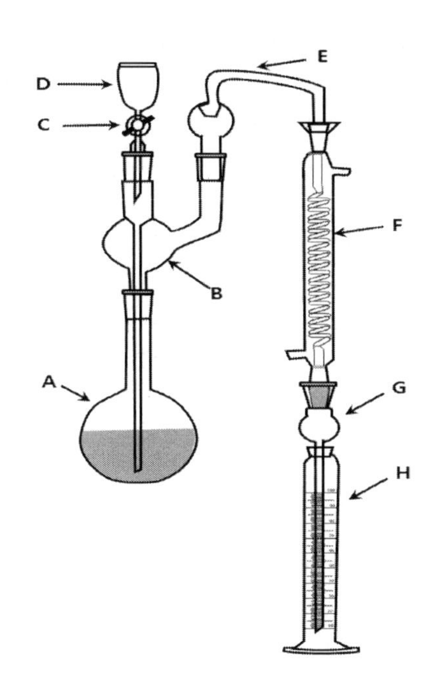

A : 1 L 증류플라스크

B : 연결관

C : 콕크

D : 안전깔때기

E : 분리관

F : 냉각관

G : 역류방지관

H : 수집기

[그림 1] 암모니아 질소 증류장치

2.6.2.3 시약 및 용액

1) 나이트로플루시드 나트륨용액 (0.15 %)	나이트로플루시드나트륨·2수화물(sodium nitroprusside, $Na_2(Fe(CN)_5NO) \cdot 2H_2O$) 0.15 g을 정제수에 녹여 100 mL로 한다.(암소보관, 1개월 이내사용 할 것)
2) 나트륨페놀라이트용액 (12.5 %)	페놀(phenol, C_6H_5OH) 25.0 g을 수산화나트륨용액(20 %) 55 mL에 녹이고 식힌 다음 아세톤 6 mL와 정제수를 넣어 200 mL로 한다. (사용시 조제)
3) 수산화나트륨용액(20 %)	수산화나트륨 20 g을 정제수에 녹여 100 mL로 한다.

4) 수산화나트륨용액(4 %)	수산화나트륨 4 g을 정제수에 녹여 100 mL로 한다.
5) 산화마그네슘 (MgO)	
6) 아세톤 (CH_3COCH_3,)	
7) 요오드화칼륨 (KI)	
8) 티오황산나트륨용액 (0.05 M)	티오황산나트륨($Na_2S_2O_3 \cdot 5H_2O$) 12.409 g을 정제수에 녹여 1 L로 한다.
9) 하이포염소산 나트륨용액(1 %)	하이포염소산나트륨(sodium hypochlorite, NaOCl) 용액의 유효염소 농도를 측정하여 유효염소로서 1 g에 해당하는 부피 (mL)의 용액을 취해 정제수에 넣어 100 mL로 한다. (사용시 조제)
10) 황산(1 + 35)	정제수 350 mL에 진한 황산 (H_2SO_4) 10 mL를 조심히 넣는다.(식힌 후 사용)
11) 황산용액(0.5 M)	정제수 1 L에 진한 황산 30 mL를 천천히 넣는다. (식힌후 사용)
12) 황산용액(0.025 M)	0.5 M 황산용액 50 mL를 정제수 약 900 mL 넣은 후 식힌다. 그리고 정제수를 넣어 1 L로 한다.
13) 표준원액(100 mg/L)	100 ℃에서 건조한 무수염화암모늄 (anhydrous NH_4Cl, anhydrous ammonium chloride) 0.3819 g을 정제수에 녹여 1 L로 한다.
14) 표준용액(5 mg/L)	표준원액(100 mg/L) 25 mL를 정확히 취한 후, 정제수를 넣어 500 mL로 한다. (표준원액을 20배 희석하여 사용)

[유효염소 농도의 측정]

하이포염소산나트륨용액 10 mL를 200 mL 부피플라스크에 넣고 정제수를 넣어 표선을 채운다. 이 용액을 10 mL 취하여 삼각플라스크에 넣고 정제수를 넣어 100 mL로 한다. 요오드화칼륨 1~ 2 g과 아세트산(1+1) 6 mL를 넣어 밀봉하고 혼합 후 어두운 곳에 약 5분간 방치하고 전분용액을 지시약으로 하여 티오황산나트륨용액(0.05 M)으로 적정한다. 따로 정제수 10 mL를 취하여 바탕시험을 실시하여 보정한다.

$$\text{유효염소량 (\%)} = a \times f \times \frac{200}{10} \times \frac{1}{V} \times 0.001773 \times 100 \qquad \text{(식 1)}$$

여기서, a : 티오황산나트륨용액(0.05 M)의 소비량 (mL)

f : 티오황산나트륨용액(0.05 M)의 농도계수(역가=1)

V : 하이포염소산나트륨 용액을 취한 양 (mL)

2.6.2.4 실험방법

[시료의 전처리]

1) 시료 적당량(암모니아성 질소로서 0.03 mg 이상 함유)을 취하고 중화한 후 증류플라스크에 옮긴다. 중화 시에는 수산화나트륨용액(4 %) 또는 황산(1+35)을 사용한다.

2) 플라스크에 산화마그네슘 0.3 g과 비등석(끓임쪽)을 넣고 정제수를 넣어 총 부피를 약 350 mL로 한다. 증류장치에 플라스크 연결 후 가열한다. 이때, 증류액의 유출속도가 5 - 7 mL/min가 되도록 한다. 증류액 수집기(200 mL 부피실린더)에는 황산용액(0.025 M) 50 mL를 넣은 후 증류장치와 연결한다.

3) 수집기의 액량이 약 150 mL가 되면 증류를 중지하고 냉각관을 증류플라스크와 분리하여 냉각관의 내부를 소량의 정제수로 씻어 수집기에 합하고 정제수를 넣어 200 mL로 한다.

[분석방법]

1) 50 mL 부피 플라스크에 전처리된 시료(미지시료) 적당량과 정제수를 넣어 총 부피를 30 mL로 한다.

2) 10 mL 나트륨페놀라이트 용액(12.5 %)과 1 mL 나이트로플루시드나트륨 용액(0.15%)을 넣고 섞는다.

3) 하이포염소산 나트륨 용액(1%) 5 mL를 넣고 조용히 혼합한다.

4) 정제수를 표선까지 채우고 상온(20-25℃)에서 약 30분간 방치한다.

5) 용액의 일부를 10 mm 흡수셀에 옮기고 630 nm에서 시료 용액의 흡광도를 측정한다.

6) 바탕시험(blank)을 위해 정제수 30 mL를 취해 시료의 시험방법에 따라 시험한다.

7) 바탕시험용액을 대조액으로 하여 시료 용액의 흡광도를 구하고 미리 작성한 검정곡선을 이용하여 암모니아성 질소의 농도를 계산한다.

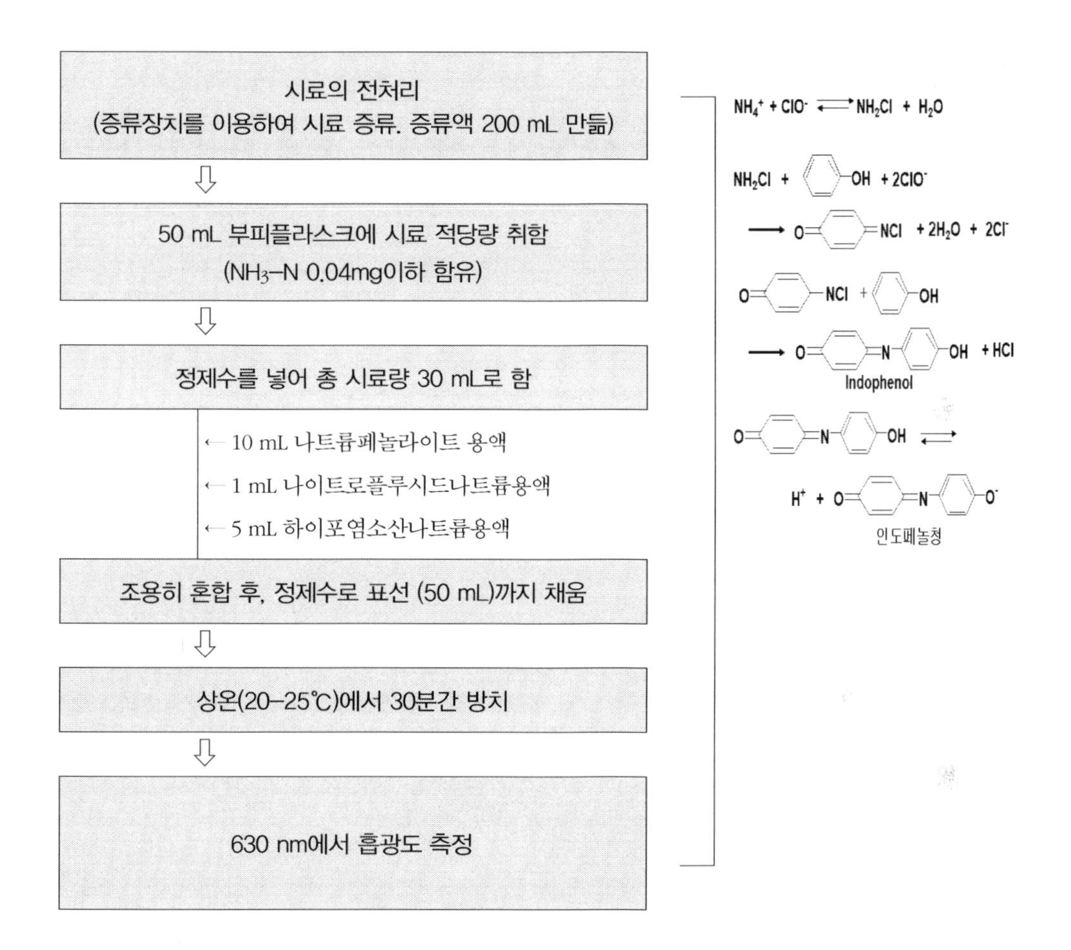

[그림 2] 암모니아성 질소 실험절차

2.6.2.5 검정곡선 작성

1) 표준용액(5 mg/L) 0-10 mL를 단계적으로 취하여 50 mL 부피플라스크에 넣고 정제수를 넣어 30 mL가 되게 한다. (바탕용액을 제외하고 3개 이상 제조) 이하 시료의 분석절차에 따라 시험한 후 용액의 일부를 10 mm 흡수 셀에 옮겨 630 nm에서 흡광도를 측정하고 암모니아성 질소의 농도와 흡광도와의 검정곡선을 작성한다.

2.6.2.6 농도계산

검정곡선 식 y=ax+b (여기서, x(농도) = (y-b) / a)를 이용하여 시료의 암모니아성 질소 농도를 계산한다.

암모니아성 질소 (mg/L) = (y-b) / a × I (식 1)

여기서, y : 시료의 흡광도
b : 검정곡선의 절편
a : 검정곡선의 기울기
I : 시료의 희석배수

[검정곡선 작성 및 암모니아성질소 농도 계산 예시]

예시

표준용액(5 mg/L) 2, 4, 8, 10 mL를 단계적으로 취하여 시험하고 다음의 흡광도 값을 얻었다. 다음 값을 이용하여 검정곡선식을 유도하고 암모니아성질소 농도를 계산하시오. 또한, 그래프도 작성하시오.

표준액 분취량 (mL)	흡광도
2	0.162
4	0.307
8	0.665
10	0.782
바탕실험액 (B)	0.036
미지시료	0.466

풀이

1) 표준액 분취에 따른 암모니아성질소 농도는 다음과 같이 각각 계산할 수 있음.

표준액 분취량 (mL)	암모니아성질소 농도(mg/L) (X)	흡광도	흡광도-B (Y)
2	$5mg/L \times \frac{2mL}{50mL} = 0.2mg/L$	0.162	0.126
4	$5mg/L \times \frac{4mL}{50mL} = 0.4mg/L$	0.307	0.271
8	$5mg/L \times \frac{8mL}{50mL} = 0.8mg/L$	0.665	0.629
10	$5mg/L \times \frac{10mL}{50mL} = 1.0mg/L$	0.782	0.746
바탕실험액 (B)		0.036	
미지시료 (25배 희석한 시료임)		0.326	0.29

2) 질소량(X)과 흡광도(Y)값을 이용하여 직선식 Y=AX+B를 유도함. 엑셀프로그램 이용시 그래프 작성 및 관계식을 쉽게 구할 수 있음. 하지만, 수질기사(작업형) 시험시에는 직접 구해야 하므로 여기에서는 직접 관계식을 구하는 방법을 사용함.

직선식 Y=AX+B를 구하기 위해서는 아래표를 작성한 후, 다음의 식을 이용하여 A(기울기)와 B(y절편), R(상관계수)를 구해야함.

표준액(ml)	X (mg/L) (농도)	Y(흡광도) 보정값	XY	X^2	Y^2
2	0.2	0.126	0.0252	0.0400	0.0159
4	0.4	0.271	0.1084	0.1600	0.0734
8	0.8	0.629	0.5032	0.6400	0.3956
10	1	0.746	0.7460	1.0000	0.5565
Σ	2.40	1.77	1.3828	1.8400	1.0415

$$A = \frac{n\sum X \cdot Y - \sum X \sum Y}{n\sum X^2 - \sum X \sum X} \qquad B = \frac{\sum X^2 \sum Y - \sum X \sum XY}{n\sum X^2 - \sum X \sum X}$$

$$R = \frac{n\sum XY - \sum X \sum Y}{\sqrt{[n\sum X^2 - (\sum X)^2][n\sum Y^2 - (\sum Y)^2]}}$$ 여기서, n은 표준액 개수임 (n=4)

위의 표에서 구한 ΣX, ΣXY, ΣY, ΣX^2 값을 윗 식에 대입하여 A, B, R 값을 구하면, A= 0.799, B= -0.0364, R= 0.9978로 계산됨. 따라서 검정곡선 Y = 0.799 X − 0.0364 임. 그래프는 질소농도 X 값과 흡광도 Y값(보정값)을 이용하여 아래와 같이 작성함

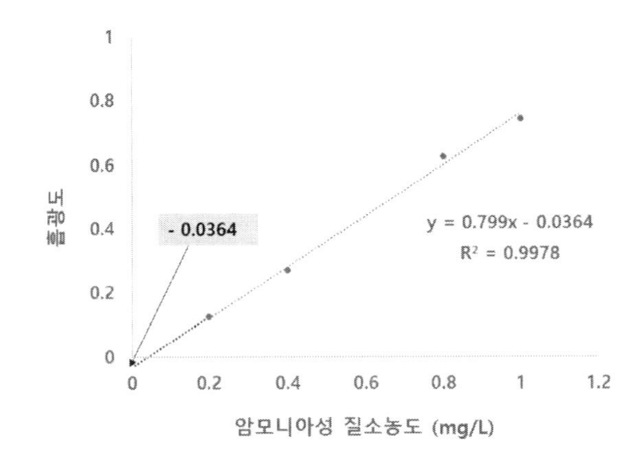

검정곡선 식 y=ax+b (여기서, x(농도) = (y-b) / a)를 이용하여 시료의 암모니아성 질소농도를 계산함. 미지시료의 흡광도(Y, 보정값)가 0.29일 때 암모니아성 질소농도를 구할 수 있음.

암모니아성 질소 (mg/L) = (y-b) / a × I (희석배수)

식에 대입하면, (0.29-(-0.0364)) / 0.799 × 25(희석배수) = 10.2 mg/L.

따라서, 미지시료의 암모니아성 질소농도 X= 10.2 mg/L로 계산됨.

2.6.2.7 실험결과 보고

실험날짜	시료번호	채취장소	시료명	시료량 (희석배수) or 표준용액분취량 (mL)	흡광도

Eco-Mind 실험 시 발생하는 폐기물 발생량을 아래의 표에 적고, 수거 및 처리방법, 그리고 처리비용등에 대해 다 같이 알아봅시다.

( )조 폐기물 발생량 내역

실험항목: 날짜: 조원이름:

폐기물 성상 및 종류[1]	폐기물 발생량	상태[2]	비고

1) 폐액(폐산 및 폐알카리), 종이류, 유리류(초자류 등), 플라스틱류(시약접시등), 금속류 등으로 구분하여 작성할 것
2) 고체 및 액체등으로 구분하여 작성할 것

2.6.3 아질산성 질소(Nitrite Nitrogen, NO_2^-) _자외선/가시선 분광법

2.6.3.1 측정원리 및 적용범위

시료 중 아질산성 질소를 설퍼닐아마이드와 반응시켜 디아조화하고 α−나프틸에틸렌디아민이염산염과 반응시켜 생성된 디아조화합물의 붉은색의 흡광도 540 nm에서 측정하는 방법이다. 지표수, 지하수 등에 적용할 수 있으며, 정량범위는 0.004 mg/L이다.

2.6.3.2 측정기기 및 기구

1) 저울
2) 분광광도계: 540 nm 측정 가능한 것

2.6.2.3 시약 및 용액

1) 수산화나트륨용액(4 %)	수산화나트륨 4 g을 정제수에 녹여 100 mL로 한다.
2) 설퍼닐아마이드용액 (0.5 W/V %)	설퍼닐아마이드(sulfanilamide, $C_6H_8N_2O_2S$) 0.5 g을 염산(1+1) 100 mL에 가온하면서 녹인다.
3) 염산 (1+1)	정제수 100 mL에 염산(HCl) 100 mL를 조심히 넣는다.
4) 아황산나트륨용액 (0.1 N)	무수 아황산나트륨 (sodium sulfate, Na_2SO_3) 6.3 g을 정제수에 녹여 1L로 한다.
5) 칼륨명반용액	황산알루미늄칼륨·12수화물(aluminium potassium sulfate, $AlK(SO_4)_2 \cdot 12H_2O$) 10 g을 정제수에 녹여 100 mL로 한다.

6) α-나프틸에틸렌디아민이염산염용액 (0.1 W/V %)	α-나프틸에틸렌디아민이염산염($C_{10}H_7NH(CH_2)2NH_2 \cdot 2HCl$) 0.1 g을 정제수에 녹여 100 mL로 한다.
7) 표준원액 (100 mg/L)	무수아질산나트륨(sodium nitrite, $NaNO_2$) 0.493 g을 정제수에 녹여 1 L로 한다. 여기에, 클로로폼(chloroform, $CHCl_3$) 2 mL를 첨가하여 보존한다. (1 L에 2 mL 주입)
8) 표준용액 (1 mg/L)	표준원액(100 mg/L) 10 mL를 부피플라스크에 넣고 1 L로 맞춘다. (표준원액 100배 희석하여 사용)

2.6.3.4 실험방법

1) 시료를 여과하여 여액을 시료로 사용한다. 다만, 시료를 여과해도 탁하거나 착색되어 있을 경우, 시료 100 mL에 대하여 칼륨명반용액 2 mL를 주입하고, 수산화나트륨용액(4 %)을 넣어 수산화알루미늄의 플록을 형성시킨 다음 수분간 방치하고 여과하여 사용한다.

2) 여과한 시료 적당량(아질산성 질소로서 0.01 mg이하 함유)을 50 mL 비색관에 넣고 정제수로 표선까지 채운다.

3) 슬퍼닐아미드용액(0.5 %) 1 mL를 넣어 섞고 5분간 방치한다.

4) α-나프틸에틸렌디아민이염산염용액(0.1 %) 1 mL를 넣고 혼합 후 10-30분간 방치한다.

5) 이 용액의 일부를 10 mm 흡수셀에 옮기고 540 nm에서 시료 용액의 흡광도를 측정한다.

6) 바탕시험(blank)을 위해 정제수 50 mL를 취해 시료의 시험방법에 따라 시험한다.

7) 바탕시험용액을 대조액으로 하여 시료 용액의 흡광도를 구하고 미리 작성한 검정곡선을 이용하여 아질산성 질소의 농도를 계산한다.

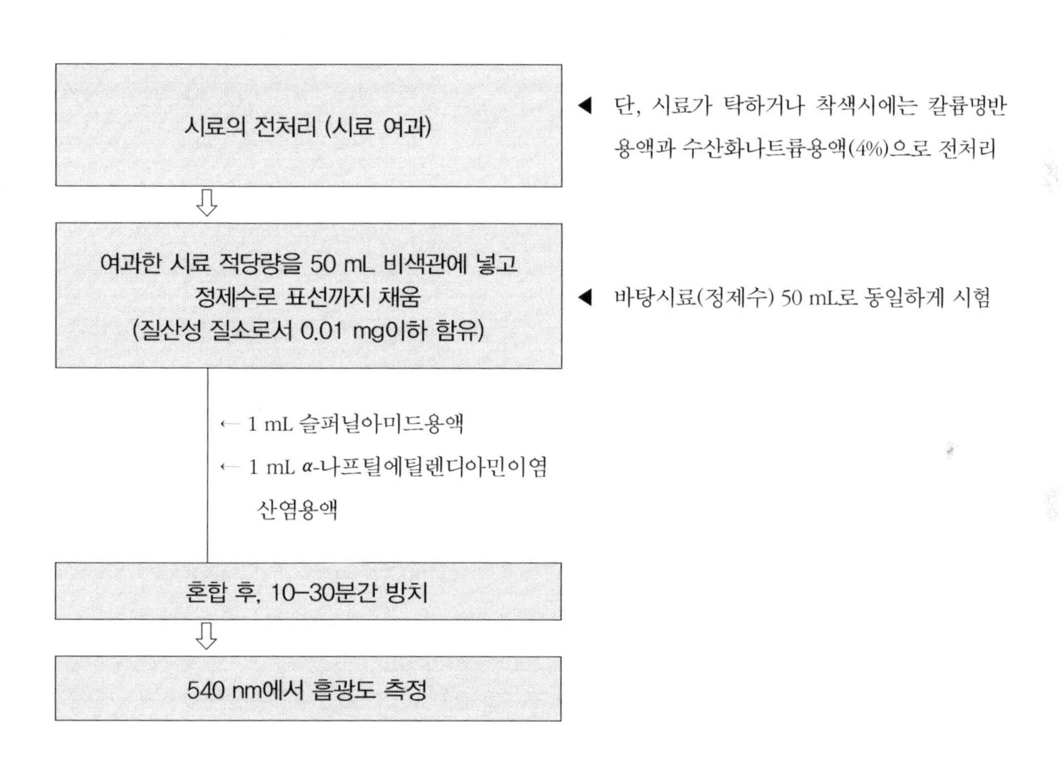

[그림 2] 아질산성 질소 실험절차

2.6.3.5 검정곡선 작성[1)]

1) 아질산성질소 표준용액(1 mg/L) 0-10 mL를 단계적으로 취하고 정제수를 넣어 50 mL가 되게 한다.(바탕용액을 제외하고 3개 이상 제조) 이하 시료의 분석절차에 따라 시험한 후 용액의 일부를 10 mm 흡수 셀에 옮겨 540 nm에서 흡광도를 측정하고 아질산성질소의 양와 흡광도와의 검정곡선을 작성한다.

2.6.3.6 농도계산

아질산성 질소 (mg/L) = (y-b) / a × I　　　　(식 1)

여기서, y : 시료의 흡광도　　　　b : 검정곡선의 절편
　　　　a : 검정곡선의 기울기　　I : 시료의 희석배수

1) 검정곡선 작성 및 농도계산법은 암모니아성질소농도 계산법과 동일하므로 2.7.2의 암모니아성질소 검정곡선 작성 및 암모니아성질소 농도 계산 예시를 참조할 것.

2.6.3.7 실험결과 보고

실험날짜	시료번호	채취장소	시료명	시료량 (희석배수) or 표준용액분취량 (mL)	흡광도

Eco-Mind 실험 시 발생하는 폐기물 발생량을 아래의 표에 적고, 수거 및 처리방법, 그리고 처리비용등에 대해 다 같이 알아봅시다.

(　　　)조 폐기물 발생량 내역

실험항목:　　　　날짜:　　　　조원이름:

폐기물 성상 및 종류[1]	폐기물 발생량	상태[2]	비고

1) 폐액(폐산 및 폐알카리), 종이류, 유리류(초자류 등), 플라스틱류(시약접시등), 금속류 등으로 구분하여 작성할 것

2) 고체 및 액체등으로 구분하여 작성할 것

비고

알아보기

2.6.4 질산성 질소(Nitrate Nitrogen, NO_3^-) _자외선/가시선 분광법(부루신법)

2.6.4.1 측정원리 및 적용범위

황산산성에서 질산이온이 부루신과 반응하여 생성된 황색화합물의 흡광도를 410 nm에서 측정하여 질산성질소를 정량하는 방법이다. 지표수, 지하수 등에 적용할 수 있으며, 정량범위는 0.1 mg/L이다.

2.6.4.2 측정기기 및 기구

1) 저울
2) 분광광도계: 410 nm 측정 가능한 것

2.6.4.3 시약 및 용액

1) 부루신설퍼민산: 1 g의 부루신설페이트·7수화물 (brucine sulfate heptahydrate $(C_{23}H_{26}N_2O_4)_2 \cdot H_2SO_4 \cdot 7H_2O$,)과 0.1 g의 설퍼닐산·1수화물 (sulfanilic acid, $NH_2C_6H_4SO_3H \cdot H_2O$)을 고온의 정제수 70 mL에 녹이고, 여기에 염산 3 mL를 넣고 정제수로 100 mL로 한다.

2) 수산화나트륨용액(4%): 수산화나트륨(NaOH) 4 g을 정제수에 녹여 100 mL로 한다.

3) 아세트산(1 + 3): 아세트산 (acetic acid glacial, CH_3COOH) 1부피에 정제수 3부피의 비율로 혼합하여 제조한다.

4) 염화나트륨용액(30%): 30 g 염화나트륨(sodium chloride, NaC)을 정제수에 녹여 100 mL로 한다.

5) 황산(4 + 1): 정제수 100 mL에 진한 황산 (H_2SO_4) 400 mL를 조심히 넣고 식힌다.

6) 표준원액 (100 mg/L): 105-110 ℃에서 4시간 건조한 질산칼륨 (potassium nitrate, KNO_3) 0.7218 g을 정제수에 녹여 정확히 1 L로 한다. 1 L당 2 mL의 클로로폼($CHCl_3$)을 첨가하여 보존하고 6개월 이내에 사용한다.

7) 표준용액 (1 mg/L): 표준원액(100 mg/L) 1 mL를 정확히 취하여 정제수를 넣어 100 mL로 한다. (표준원액을 100배 희석하여 사용)

2.6.4.4 실험방법

1) 시료를 여과하여 여액을 시료로 사용한다.(시료의 pH를 아세트산 또는 수산화나트륨을 넣어 약 7로 조정)

2) 시료 10ml을 시험관이나 부피플라스크에 넣는다. (염분이 높은 시료를 분석할 경우, 바탕시료와 표준용액에 NaCl용액(30%) 2 mL을 첨가한다)

3) H_2SO_4 (4+1) 10 mL 첨가 후 냉각한다.

4) 부루신설퍼닐산 용액 0.5mL를 넣고 잘 혼합한다.

5) 시료를 수욕상에서 20분간 가열한다. (물중탕 가열, Water Bath 이용)
(질산성질소의 함량에 따라 노란색으로 변함)

6) 가열반응이 완료되면 실온까지 수냉한다.

7) 이 용액의 일부를 10 mm 흡수셀에 옮기고 410 nm에서 시료 용액의 흡광도를 측정한다.

8) 바탕시험(blank)을 위해 정제수 10 mL를 취해 시료의 시험방법에 따라 시험한다.

9) 바탕시험용액을 대조액으로 하여 시료 용액의 흡광도를 구하고 미리 작성한 검정곡선을 이용하여 질산성 질소의 농도를 계산한다.

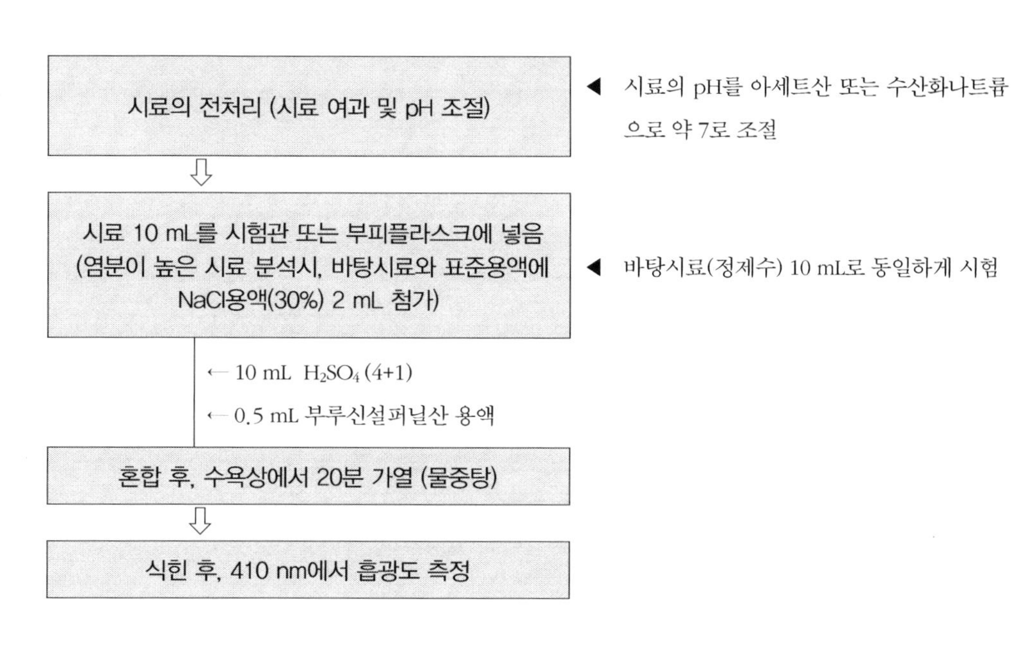

[그림 2] 질산성 질소 실험절차

2.6.4.5 검정곡선 작성1)

1) 질산성질소 표준용액(1 mg/L) 0-10 mL를 단계적으로 취하고 정제수를 넣어 10 mL 가 되게 한다.(바탕용액을 제외하고 3개 이상 제조) 이하 시료의 분석절차에 따라 시험한 후 용액의 일부를 10 mm 흡수 셀에 옮겨 410 nm에서 흡광도를 측정하고 질산성 질소의 양와 흡광도와의 검정곡선을 작성한다.

2.6.4.6 농도계산

질산성 질소 (mg/L) = (y-b) / a × I (식 1)

여기서, y : 시료의 흡광도 b : 검정곡선의 절편
a : 검정곡선의 기울기 I : 시료의 희석배수

1) 검정곡선 작성 및 농도계산법은 암모니아성질소농도 계산법과 동일하므로 2.7.2의 암모니아성질소 검정곡선 작성 및 암모니아성질소 농도 계산 예시를 참조할 것.

2.6.4.7 실험결과 보고

실험날짜	시료번호	채취장소	시료명	시료량 (희석배수) or 표준용액분취량 (mL)	흡광도

Eco-Mind 실험 시 발생하는 폐기물 발생량을 아래의 표에 적고, 수거 및 처리방법, 그리고 처리비용등에 대해 다 같이 알아봅시다.

( )조 폐기물 발생량 내역

실험항목: 날짜: 조원이름:

폐기물 성상 및 종류[1]	폐기물 발생량	상태[2]	비고

1) 폐액(폐산 및 폐알카리), 종이류, 유리류(초자류 등), 플라스틱류(시약접시등), 금속류 등으로 구분하여 작성할 것
2) 고체 및 액체등으로 구분하여 작성할 것

비고

알아보기

2.6.5 요약 및 개념문제

요약

◎ 질소는 산화 상태에 따라 7가지의 형태(NH_3, N_2, N_2O, NO, N_2O_3, NO_2, N_2O_5)로 존재

◎ 환경적 측면에서 중요한 질소형태는 유기질소, 암모니아성질소, 아질산성질소, 질산성질소 형태임. 여기서, 유기질소와 암모니아성 질소의 합을 총유기질소(TKN)이라 함

◎ 총질소(TN) = 총유기질소(TKN) + 아질산성질소(NO_2) + 질산성질소(NO_3)

◎ 생물학적 처리에서의 질소는 질산화와 탈질화를 통해 제거 가능

◎ 총질소 측정방법 : 자외선/가시선분광법 (산화법), 220 nm에서 흡광도 측정

◎ 암모니아성질소 측정방법 : 자외선/가시선분광법, 630 nm에서 흡광도 측정

◎ 아질산성질소 측정방법 : 자외선/가시선분광법, 540 nm에서 흡광도 측정

◎ 질산성질소 측정방법 : 자외선/가시선분광법 (부루신법), 410 nm에서 흡광도 측정

[문제 1] 총질소(TN) 측정시 흡광도 파장범위로 옳은 것은?

㉠ 220 nm　㉡ 410 nm　㉢ 540 nm　㉣ 630 nm

[문제 2] 총질소(TN)와 총유기질소(TKN)는 무엇인지 각각에 대해 쓰시오.

[문제 3] 황산(1+35) 제조방법에 대해 기술하시오.

• 정답 •

[1] ㉠

[2] TN: 유기질소, NH_3, NO_2, NO_3 - TKN: 유기질소, NH_3

[3] 황산과 정제수의 부피비를 1:35로 하여 제조함. 제조시 정제수에 황산을 천천히 넣어 섞은 후 식힌 다음 사용. (제조방법 예시-정제수 35 mL에 황산 1 mL를 천천히 넣은 후 냉각한다).

2.6.6 참고자료

1) 수질오염공정시험기준(환경부고시 제2017-4호), 환경부, http://www.me.go.kr (2017).

2) 수질오염공정시험기준주해, 최규철 외 9인 저, 동화기술 (2014), 4장.

3) 신편 수질환경 기사 · 산업기사, 이승원 저, 성안당 (2018).

4) Chemistry for environmental engineering and Science, $5^{th}ed$, C.N.Sawyer, P.L.McCarty, G.F.Parkin, McGraw Hill, Chap.25/ 번역본: 환경화학, 김덕찬 외 2인 역, 동화기술 (2005), 25장.

5) Standard Methods for the Examination of Water and Wastewater, $21^{th}ed$, APHA, AWWA, WEF (2005), Part 4500-NH_3, "Nitrogen (Ammonia)".

6) US EPA Method 354.1, EPA (1979), "Nitrite, Spectrophotometric".

7) US EPA Method 352.1, EPA (1979), "Nitrate, Colorimetric, Brucine".

2.7 인(Phosphorus, P)

인(Phosphorus, P)은 조류의 번식을 유발하는 부영양화의 주요 원인물질이며, 생물학적 폐수처리시 미생물 성장에 꼭 필요한 영양소 중에 하나이다. 인(P)은 결합형태에 따라 무기인과 유기인으로 구분되며 용해성 여부에 따라 용해성 인과 불용성 인으로 나뉜다. 총인(TP)는 무기인과 유기인의 총합을 의미한다. 이중, 환경공학에서 중요한 인 화합물은 크게 오쏘(인산염인)와 다중 인산염 형태의 무기인이다[표 1]. 다중 인산염은 일부 급수시설에서 부식 방지제로 이용되며, 또한 일부 단물화된 물에서 재탄산화하지 않고 탄산 칼슘을 안정화 하는 데에도 쓰인다. 상수뿐만 아니라 폐수처리에서도 인은 매우 중요하다. 폐수의 생물학적 처리공정에 관련하는 모든 생물들은 증식과 새로운 세포조직 합성에 인을 필요로 하기 때문이다. 그 외 화력발전소에서는 보일러의 스케일을 방지하는데 인 화합물을 사용한다.

[표 1] 환경공학에서 중요한 인 화합물들

이름	화학식
Orthophosphates (오쏘인산염)	
Trisodium phosphate	Na_3PO_4
Disodium phosphate	Na_2HPO_4
Monosodium phosphate	NaH_2PO_4
Diammomium phosphate	$(NH_4)_2HPO_4$
Polyphosphates (다중인산염)	
Sodium hexametaphosphate	$Na_3(PO_3)_6$
Sodium tripolyphosphate	$Na_5P_3O_{10}$
Tetrasodium pyrophosphate	$Na_4P_2O_7$

2.7.1 총인 (Total Phosphorus) _ 자외선/가시선분광법

2.7.1.1 측정원리 및 적용범위

물속에 존재하는 유기물화합물 형태의 인을 산화 분해하여 인산염(PO_4^{3-}) 형태로 변화시키고, 몰리브덴산암모늄과 반응하여 생성된 몰리브덴산인암모늄을 아스코빈산으로 환원하여 생성된 몰리브덴산의 흡광도를 880 nm에서 측정하여 총인의 양을 정량하는 방법이다. 지표수, 지하수 등에 적용할 수 있으며, 정량범위는 0.005 mg/L이다.

2.7.1.2 측정기기 및 기구[1)]

1) 고압증기멸균기: 120℃ 에서 가열 가능한 것
2) 분해병: 용량 약 100 mL의 내압 · 내열의 마개 있는 유리병
3) 저울
4) 여과장치
5) 분광광도계: 880 nm 측정 가능한 것

1) 총질소(TN) 실험방법과 전반적으로 동일함(시약이 다름). 따라서, 필요 측정기기 및 기구가 동일함.

2.7.1.3 시약 및 용액

1) 과황산칼륨용액(4 %):	과황산칼륨($K_2S_2O_8$) 4 g을 정제수에 녹여 100 mL로 한다.
2) *p*-나이트로페놀용액(0.1%):	*p*-나이트로페놀 (p-nitrophenol, $C_6H_5NO_3$) 0.1 g을 정제수에 녹여 100 mL로 한다.
3) 수산화나트륨용액(20%):	20 g 수산화나트륨을 정제수에 녹여 100 mL로 한다.
4) 수산화나트륨용액(4 %):	4 g 수산화나트륨을 정제수에 녹여 100 mL로 한다.
5) 몰리브덴산암모늄·아스코빈산 혼합용액:	몰리브덴산암모늄·4수화물(ammonium molybdate tetrahydrate, $(NH_4)_6Mo_7O_{24}·4H_2O$) 6g과 타타르산안티몬칼륨(potassium antimonyl tartrate, $K(SbO)C_4H_4O_6·1/2H_2O$) 0.24 g을 정제수 약 300 mL에 녹이고 황산(2 + 1) 120 mL와 설파민산암모늄 (ammonium sulfamate, $NH_4OSO_2NH_2$) 5 g을 넣어 녹인 다음 정제수를 넣어 500 mL로 한다. 여기에 7.2 % L-아스코빈산 (L-ascorbic acid, $C_6H_8O_6$,) 용액 100 mL를 넣어 섞는다. (사용 시 조제).
6) 황산(2+1)	정제수 100 mL에 진한황산 200 mL를 천천히 넣고 식힌다.
7) L-아스코빈산용액 (7.2 %):	L-아스코빈산 (L-ascorbic acid, $C_6H_8O_6$) 7.2 g을 정제수에 녹여 100 mL로 한다.
8) 표준원액(100 mg/L):	미리 105 ℃에서 건조한 인산이수소칼륨 (potassium dihydrogen phosphate, KH_2PO_4) 0.439 g을 정제수에 용해시켜 정확히 1 L로 한다.
9) 표준용액(5 mg/L):	표준원액(100 mg/L) 25 mL를 정확히 취하여 정제수를 넣어 500 mL로 한다. (표준원액을 20배 희석하여 사용함)

2.7.1.4 실험방법

[시료의 전처리]

1) 과황산칼륨 분해(분해되기 쉬운 유기물을 함유한 시료) : 시료 50 mL(인으로서 0.06 mg 이하 함유)를 분해병에 넣고 과황산칼륨용액(4%) 10 mL를 넣어 마개를 닫고 섞는다. 고압증기멸균기에서 가열(약 120℃, 30분)하고, 분해가 끝나면 꺼내어 냉각한다.

2) 질산-황산 분해(다량의 유기물을 함유한 시료): 시료 50 mL를 킬달플라스크에 넣고 질산 2 mL를 넣어 총부피가 약 10 mL가 될 때까지 서서히 가열 농축한다. 여기에, 질산 2-5 mL와 진한 황산 2 mL를 넣고 백연이 격렬하게 발생할 때까지 계속 가열한다. 만약, 용액의 색 투명하지 않을 경우, 질산 2-5 mL를 더 넣고 가열 분해를 반복한다. 가열이 완료되면 정제수 약 30 mL를 넣고 약 10분간 더 가열하고 냉각한다. 이 용액을 p-나이트로페놀(0.1 %)을 지시약으로 하여 수산화나트륨용액(20 %) 및 수산화나트륨용액(4 %)을 넣어 용액의 색이 황색이 될 때까지 중화한다. 그리고 50 mL 부피플라스크에 옮기고 정제수를 넣어 표선까지 채운다.

[분석방법]

1) 전처리한 시료의 상층액을 취하여 유리섬유여과지(GF/C)로 여과한다. 이때, 처음 여과액 5~10 mL는 버리고 다음 여과액 25 mL를 정확히 취하여 마개 있는 시험관에 넣는다.

2) 몰리브덴산암모늄·아스코빈산 혼합용액 2 mL를 넣어 혼합 후, 20-40℃에서 15분간 방치한다.

3) 이 용액의 일부를 10 mm 흡수 셀에 옮겨 880 nm에서 흡광도를 측정한다.

4) 따로 정제수(바탕시험) 50 mL를 취하여 위와 동일하게 분석하여 880 nm에서 흡광도를

측정한다. 만약, 880 nm에서 흡광도 측정이 불가능할 경우에는 710 nm에서 측정한다.

5) 표준용액을 이용하여 미리 작성한 검정곡선을 작성하고, 인의 양과 흡광도와의 관계식으로부터 시료내 인의 양을 계산하여 구한다.

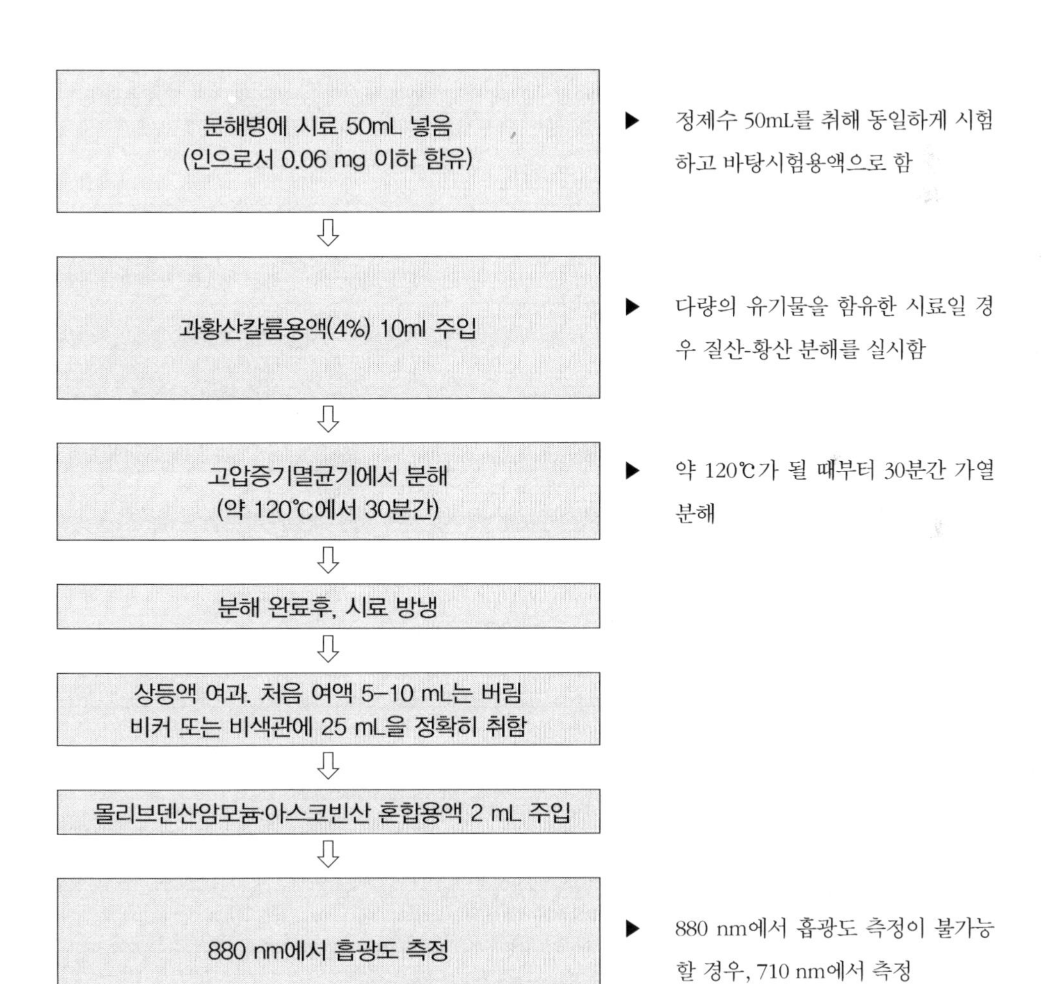

[그림 1] 총인(TP) 실험절차

2.7.1.5 검정곡선 작성

1) 표준용액(5 mg/L)을 0 - 20 mL를 단계적으로 취하여 100 mL 부피플라스크에 넣고 정제수를 넣어 표선을 채운다.(바탕용액을 제외하고 3개 이상 제조) 이중, 25 mL씩을 정확히 취하여 각각 50 mL 비커 또는 비색관에 넣고 몰리브덴산암모늄·아스코빈산 혼합용액 2 mL를 넣는다. 이 용액의 일부를 10 mm 흡수 셀에 옮겨 880 nm에서 흡광도를 측정하고 인의 양과 흡광도와의 관계선(검정곡선)을 작성한다. 만약, 880 nm에서 흡광도 측정이 불가능할 경우에는 710 nm에서 측정한다.

표준용액 준비 (5 mg/L)

⇩

0–20 mL를 단계적으로 100 mL 부피플라스크에 넣고 정제수로 표선을 채움
(1 mL , 5 mL , 10 mL , 15 mL, 20mL 분취)

▶ 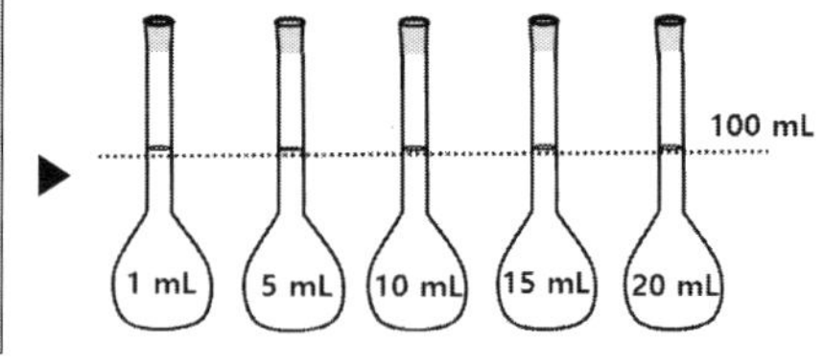

⇩

비커 또는 비색관에 25ml을 정확히 취함

⇩

몰리브덴산암모늄·아스코빈산 혼합용액 2 mL 주입

⇩

880nm에서 흡광도 측정 검량곡선 작성 ▶ 인의 양과 흡광도 관계식 도출

[그림 2] 검량선 작성 실험절차

2.7.1.6 농도계산

1) 과황산칼륨 분해한 경우

총인 (mg/L)$= a \times \frac{60}{25} \times \frac{1000}{50}$ (식 1)

여기서, a : 검정곡선으로 부터 구한 인의 양 (mg)

2) 질산-황산 분해한 경우

총인 (mg/L)$= a \times \frac{1000}{25}$ (식 2)

여기서, a : 검정곡선으로 부터 구한 인의 양 (mg)

[검정곡선 작성 및 인 농도 계산 예시]

예시 표준용액(5 mg/L = 0.005 mg/mL) 5, 10, 15, 20 mL를 단계적으로 취하여 시험하고 다음의 흡광도 값을 얻었다. 다음 값을 이용하여 검정곡선식을 유도하고 인의 농도를 계산하시오. 또한, 그래프도 작성하시오.

표준액 분취량 (mL)	흡광도
5	0.162
10	0.326
15	0.480
20	0.658
바탕실험액 (B)	0.009
미지시료	0.362

풀이 1) 표준액 분취에 따른 인의 양은 다음과 같이 각각 계산할 수 있음.

표준액 분취량 (mL)	25 mL를 취한 인의 양(mg) (X)	흡광도	흡광도-B (Y)
5	$0.005(mg/mL) \times 5mL \times \frac{25mL}{100mL} = 0.00625mg$	0.162	0.153
10	$0.005(mg/mL) \times 10mL \times \frac{25mL}{100mL} = 0.0125mg$	0.326	0.317
15	$0.005(mg/mL) \times 15mL \times \frac{25mL}{100mL} = 0.01875mg$	0.480	0.471
20	$0.005(mg/mL) \times 20mL \times \frac{25mL}{100mL} = 0.025mg$	0.658	0.649
바탕실험액 (B)		0.009	
미지시료 (희석 안함)		0.362	0.353

2) 인의 양(X)과 흡광도(Y)값을 이용하여 직선식 Y=AX+B를 유도함. 엑셀프로그램 이용시 그래프 작성 및 관계식을 쉽게 구할 수 있음. 하지만, 수질기사(작업형) 시험시에는 직접 구해야 하므로 여기에서는 직접 관계식을 구하는 방법을 사용함.

직선식 Y=AX+B를 구하기 위해서는 아래표를 작성한 후, 다음의 식을 이용하여 A(기울기)와 B(y절편), R(상관계수)를 구해야함.

표준액(ml)	X (mg) (질소량)	Y(흡광도) 보정값	XY	X^2
5	0.00625	0.153	0.0010	0.0000
10	0.0125	0.317	0.0040	0.0002
15	0.01875	0.471	0.0088	0.0004
20	0.025	0.649	0.0162	0.0006
Σ	0.063	1.590	0.0300	0.0012

$$A = \frac{n\sum X \cdot Y - \sum X \sum Y}{n\sum X^2 - \sum X \sum X} \qquad B = \frac{\sum X^2 \sum Y - \sum X \sum XY}{n\sum X^2 - \sum X \sum X}$$

$$R = \frac{n\sum XY - \sum X \sum Y}{\sqrt{[n\sum X^2 - (\sum X)^2][n\sum Y^2 - (\sum Y)^2]}}$$ 여기서, n은 표준액 개수임 (n=4)

위의 표에서 구한 ΣX, ΣXY, ΣY, ΣX^2 값을 윗 식에 대입하여 A, B, R 값을 구하면,
A= 26.272, B= -0.013, R= 0.9996으로 계산됨.
따라서 검정곡선식 Y = 26.272 X − 0.013 임.
그래프는 인의 양 X 값과 흡광도 Y값(보정값)을 이용하여 아래와 같이 작성함

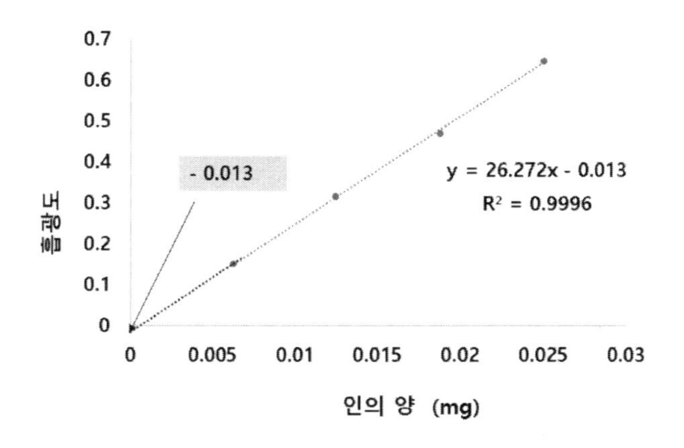

검정곡선식을 이용하여 미지시료의 흡광도(Y, 보정값)가 0.353일 때 인의 양(mg)을 구할 수 있음. 식에 대입하면, 0.353 = 26.272 × X − 0.013임.
따라서, 미지시료의 인의 양 X= 0.0139 mg으로 계산됨. 식으로부터 인의 양이 도출되었으므로, 농도계산식을 이용하여 다음과 같이 미지시료의 농도를 계산함.

미지시료 TP 농도 (mg/L) = $a \times \frac{60}{25} \times \frac{1,000}{V} = 0.0139 \times \frac{60}{25} \times \frac{1,000}{50}$

= 0.67 mg/L

2.7.1.7 실험결과 보고

실험날짜	시료번호	채취장소	시료명	시료량 (희석배수) or 표준용액분취량 (mL)	흡광도

Eco-Mind 실험 시 발생하는 폐기물 발생량을 아래의 표에 적고, 수거 및 처리방법, 그리고 처리비용등에 대해 다 같이 알아봅시다.

( )조 폐기물 발생량 내역

실험항목: 날짜: 조원이름:

폐기물 성상 및 종류[1]	폐기물 발생량	상태[2]	비고

1) 폐액(폐산 및 폐알카리), 종이류, 유리류(초자류 등), 플라스틱류(시약접시등), 금속류 등으로 구분하여 작성할 것

2) 고체 및 액체등으로 구분하여 작성할 것

2.7.2 인산염인 (Phosphate Phosphorus, PO_4^{3-}) _자외선/가시선 분광법 (아스코빈산환원법)

2.7.2.1 측정원리 및 적용범위

몰리브덴산암모늄과 반응하여 생성된 몰리브덴산인암모늄을 아스코빈산으로 환원하여 생성된 몰리브덴산 청의 흡광도를 880 nm에서 측정하여 인산염인을 정량하는 방법이다. 지표수, 지하수 등에 적용할 수 있으며, 정량범위는 0.003 mg/L이다.

2.7.2.2 측정기기 및 기구

1) 저울
2) 분광광도계: 880 nm 측정 가능한 것

2.7.2.3 시약 및 용액

1) *p*-나이트로페놀용액 (0.1 %)
p-나이트로페놀용액 (para-nitrophenol, $C_6H_5NO_3$) 0.1 g을 정제수에 녹여 100 mL로 한다.

2) 수산화나트륨용액(4 %):
4 g 수산화나트륨을 정제수에 녹여 100 mL로 한다.

3) 몰리브덴산암모늄·아스코빈산 혼합용액:
몰리브덴산암모늄·4수화물($(NH_4)_6Mo_7O_{24}\cdot 4H_2O$) 6g과 타타르산안티몬칼륨($K(SbO)C_4H_4O_6\cdot 1/2H_2O$) 0.24 g을 정제수 약 300 mL에 녹이고 황산(2 + 1) 120 mL와 설파민산암모늄($NH_4OSO_2NH_2$) 5 g을 넣어 녹인 다음 정제수를 넣어 500 mL로 한다. 여기에 7.2 % L-아스코빈산($C_6H_8O_6$,) 용액 100 mL를 넣어 섞는다. (사용 시 조제).

4) 암모니아수(1+10) 정제수 100 mL에 암모니아수(ammonia water, 28 % ammonia in water) 10 mL를 넣어 제조한다.

5) 표준원액(100 mg/L) 미리 건조한(105℃) 인산이수소칼륨(KH_2PO_4) 0.439 g을 정밀히 달아 정제수에 녹여 정확히 1 L로 한다.

6) 표준용액(5 mg/L) 표준원액(100 mg/L) 25 mL를 정제수를 넣어 500 mL로 한다. (표준원액을 20배 희석하여 사용함)

2.7.2.4 실험방법

1) 시료를 여과하여 여액을 시료로 사용한다. (산성시료일 경우: p-나이트로페놀용액(0.1 %)을 지시약으로 하여 수산화나트륨용액(4%) 또는 암모니아수(1+10)를 넣어 액이 황색이 나타낼 때까지 중화한 후 사용)

2) 여과한 시료 적당량(인산염인 으로써 0.05 mg 함유)을 취하여 50 mL 부피 플라스크에 넣고 정제수를 넣어 약 40 mL로 한다.

3) 몰리브덴산암모늄-아스코빈산 혼합용액 4 mL를 넣고 정제수를 넣어 표선을 채운다.

4) 혼합 후, 20-40℃에서 약 15분간 방치한다. (30분을 초과해서는 안됨)

5) 이 용액의 일부를 10 mm 흡수셀에 옮기고 880 nm에서 시료 용액의 흡광도를 측정한다.

8) 바탕시험(blank)을 위해 정제수 40 mL를 취해 시료의 시험방법에 따라 시험한다.

9) 바탕시험용액을 대조액으로 하여 시료 용액의 흡광도를 구하고 미리 작성한 검정곡선을 이용하여 인산염인의 농도를 계산한다.

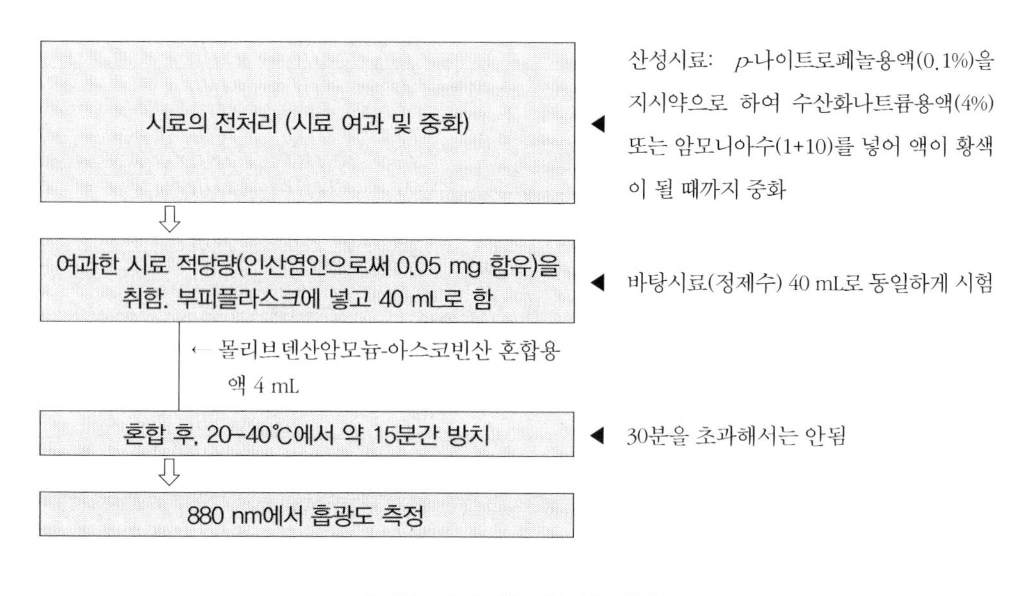

[그림 2] 인산염인 실험절차

2.7.2.5 검정곡선 작성[1)]

1) 인산염인 표준용액(5 mg/L) 0-10 mL를 단계적으로 취하고 정제수를 넣어 40 mL 가 되게 한다.(바탕용액을 제외하고 3개 이상 제조) 이하 시료의 분석절차에 따라 시험한 후 용액의 일부를 10 mm 흡수 셀에 옮겨 880 nm에서 흡광도를 측정하고 인산염인과 흡광도와의 검정곡선을 작성한다.

2.7.2.6 농도계산

인산염인 (mg/L) = (y-b) / a × I (식 1)

---

1) 검정곡선 작성 및 농도계산법은 암모니아성질소농도 계산법과 동일하므로 2.7.2의 암모니아성질소 검정곡선 작성 및 암모니아성질소 농도 계산 예시를 참조할 것.

여기서, y : 시료의 흡광도　　　　　　b : 검정곡선의 절편
　　　a : 검정곡선의 기울기　　　　I : 시료의 희석배수

2.7.2.7 실험결과 보고

실험날짜	시료번호	채취장소	시료명	시료량 (희석배수) or 표준용액분취량 (mL)	흡광도

Eco-Mind 실험 시 발생하는 폐기물 발생량을 아래의 표에 적고, 수거 및 처리방법, 그리고 처리비용등에 대해 다 같이 알아봅시다.

( )조 폐기물 발생량 내역

실험항목: 날짜: 조원이름:

폐기물 성상 및 종류[1]	폐기물 발생량	상태[2]	비고

1) 폐액(폐산 및 폐알카리), 종이류, 유리류(초자류 등), 플라스틱류(시약접시등), 금속류 등으로 구분하여 작성할 것

2) 고체 및 액체등으로 구분하여 작성할 것

비고

알아보기

2.7.3 요약 및 개념문제

요약

◎ 총인(TP) ≒ 무기인(인산염인+다중인산염임) + 유기인

◎ 총인의 측정원리

인을 산화 분해하여 인산염(PO_4^{3-}) 형태로 변화시킨 다음 인산염을 아스코빈산 환원흡광광도법으로 정량하여 총인의 농도를 구하는 방법임

◎ 인 측정시 흡광도 파장: 880 nm

(880 nm에서 흡광도 측정이 불가능할 경우에는 710 nm에서 측정)

[문제 1] 총인(TP)을 정의하고, 인의 주요 발생원에 대해 쓰시오.

[문제 1] 총인(TP) 측정시 흡광도 파장범위로 옳은 것은?

㉠ 220 nm ㉡ 540 nm ㉢ 630 nm ㉣ 880 nm

[문제 3] 총인의 측정원리에 대해 기술하시오.

• 정답 •

[1] TP=유기인+무기인, 발생원: 분뇨, 가정하수, 비료, 합성세제, 농약 등

[1] ㉣

[3] 인을 산화 분해하여 인산염(PO_4^{3-}) 형태로 변화시킨 다음 인산염을 아스코빈산 환원흡광광도법으로 정량하여 총인의 농도를 구하는 방법임

2.7.4 참고자료

1) 수질오염공정시험기준(환경부고시 제2017-4호), 환경부, http://www.me.go.kr (2017).

2) 수질오염공정시험기준주해, 최규철 외 9인 저, 동화기술 (2014), 4장.

3) 신편 수질환경 기사 · 산업기사, 이승원 저, 성안당 (2018).

4) Chemistry for environmental engineering and Science, $5^{th}ed$, C.N.Sawyer, P.L.McCarty, G.F.Parkin, McGraw Hill, Chap.30/ 번역본: 환경화학, 김덕찬 외 2인 역, 동화기술 (2005), 30장.

5) Standard Methods for the Examination of Water and Wastewater, $21^{th}ed$, APHA, AWWA, WEF (2005), Part 4500-P, "E. Ascorbic acid method".

6) US EPA Method 365.1, EPA (1993), "Determination of phosphorus by automated colorimetry".

7) US EPA Method 365.3, EPA (1979), "Phosphorus, Colorimetric, Ascorbic Acid, Two Reagen".

2.8 철 (Iron, Fe)

2.8.1 개요

철(Iron, Fe)은 원자번호 26으로, 지각 성분 중에서 산소(O), 규소(Si), 알루미늄(Al) 다음으로 4번째로 풍부한 원소이다. 철은 인체의 헤모글로빈 합성과 관련된 중요 성분으로, 식품에 의해 섭취되며 성인은 체내에 약 4.5 g을 유지하고 있다. 철은 거의 모든 토양속에서 상당한 양이 불용성 형태로 존재하며, 자연수중 철은 암석 또는 토양에서 유래된 것으로 자철광(magnetite, Fe_3O4), 황철광(Pyrite, FeS_2), 적철광(Hematite, Fe_2O_3), 갈철광(Liminite, $Fe_2O_3 \cdot 3H_2O$), 능철광(Siderite, $FeCO_3$) 등이 환원되어 용출된 것이다. 다시 말해, 우수가 지하로 침투하는 경우, 유기물 분해에 의하여 산소가 소비되고 CO_2를 발생한다. 이러한 무산소 상태에서 환원작용이 발생되어 토양중의 철은 $FeO_3 \rightarrow FeCO_3 \rightarrow Fe(HCO_3)_2$ 로 되어 용존하게 된다. 그래서 철은 수중에서는 탄산수소염으로 되어 있는 경우가 많고, 초산염, 황산염, 염화물 및 유기화합물로 존재한다. 점토 등 유기물이 많은 물속에서는 휴민산염 등의 콜로이드성 유기착화합물로 존재한다. 수도 등 기관내의 철은 원수중에서도 유래되나 철관에서도 용출되기도 하며, pH, 알칼리도 낮은 물, CO_2가 많은 물 등에서 특히 용출이 쉽다.

환경 중에 철은 지표수에 1.5 mg/L 이하, 하천수에 0.67 mg/L, 빗물에는 0.23 mg/L 존재한다. 지표수에는 철의 함량은 위에 언급한 것과 같이 1.5 mg/L이하로 적고, 지하수는 비교적 많은 양의 철이 존재한다. 심층지하수는 더욱 많아서 20 mg/L를 초과할 때도 있다. 철이 포함된 물은 공기에 노출되어 산소가 들어가면, 철이 Fe(III)로 산화되어 콜로이드

침전을 형성하여 혼탁도가 유발되고 미관상 좋지 않게 된다. 또한, 철은 세탁을 방해하며, 배관시설물에 얼룩을 내고, 철 박테리아의 성장을 초래하고 관 내면에 부착하여 통수능력 저하시키며 수질을 악화시킨다.

2.8.2 측정원리 및 적용범위

수중의 철 이온을 수산화제이철로 침전분리하고 침전을 염산에 녹여 염산하이드록실아민으로 제일철로 환원한 다음, o-페난트로린을 넣어 나타나는 등적색 철착염의 흡광도를 510 nm에서 측정하는 방법이다. 지표수, 지하등에 적용할 수 있으며, 정량한계는 0.08 mg/L 이다.

2.8.3 측정기기 및 기구

1) 저울
2) 분광광도계: 510 nm 측정 가능한 것

2.8.4 시약 및 용액

1) 염산(1+2): 정제수 20 mL에 염산(HCl) 10 mL를 천천히 넣는다.

2) 아세트산암모늄용액(50%): 아세트산암모늄·3수화물(ammonium acetate trihydrate, $CH_3COONH_4 \cdot 3H_2O$) 50 g을 정제수에 녹여 100 mL로 한다.

3) 염산하드록실아민용액(20%): 염산하이드록실아민(hydroxylamine hydrochloric acid, $NH_2OH \cdot HCl$) 20 g을 정제수에 녹여 100 mL로 한다.

4) o-페난트로린용액(0.1%): o-페난트로린·2염산염(1,10-phenanthroline dihydrogen chloride, $C_{12}H_8N_2 \cdot 2HCl$) 0.12 g을 정제수 100 mL에 넣고 녹인다. 이때, 80℃로 가열하면서 녹인다.

5) 철 표준원액 (100 mg/L): 1 L 부피플라스크에 순도 99.9% 이상의 금속 철 0.1 g을 정확히 달아 넣고, 염산(1+1) 10 mL와 질산 3 mL에 녹인다. 다시 질산 5 mL를 넣고 정제수로 표선(1 L)까지 채운다.

6) 철 표준용액 (10mg/L) : 철 표준원액 10 mL를 정확히 취하여 100 mL 부피플라스크에 넣고, 정제수로 표선까지 채운다. (철 표준원액을 10배 희석하여 사용)

2.8.5 실험방법

1) 전처리(용해성 철은 시료채취 즉시 여과하여 사용)한 시료 적당량(철로서 0.5 mg이하 함유)을 비커에 넣고 질산(1+1) 2 mL를 넣어 끓인다.(침전을 생성시킴)

2) 정제수를 넣어 50-100 mL로 한다.

3) 암모니아수(1+1)를 넣어 약알칼리성으로 한 다음 수분간 끓인다.

4) 잠시 방치 후, 거른 다음(여과) 온수로 침전을 씻어낸다.(침전을 원래 비커에 옮긴다)

5) 염산(1+2) 6 mL를 넣고 가열하며 녹인다.

6) 이 용액을 처음의 거름종이로 걸러내어 거름종이에 묻어 있는 수산화제이철을 녹여낸다. 그리고 온수로 수회 씻어서 여과액과 씻은 액을 100 mL 부피플라스크에 옮긴다.

7) 정제수를 넣어 액량을 약 70 mL로 하고 염산하이드록실아민 용액(20%) 1 mL를 넣고 혼합한다.

8) o-페난트로린용액(0.1%) 5 mL를 넣고 혼합한다.

9) 여기에, 아세트산암모늄용액(50%) 10 mL를 넣고 혼합 후 식힌다.

10) 정제수를 넣어 표선(100 mL)까지 채운다. 혼합하여 20분간 방치 후, 층장 10 mm 흡수셀에 옮겨 510 nm에서 시료 용액의 흡광도를 측정(등적색)하고 미리 작성한 검정곡선으로 부터 철의 양을 구하고 농도(mg/L)를 산출한다.

11) 정제수 50 mL를 취하여 시료의 시험방법에 따라 시험하여 바탕시험액으로 한다.

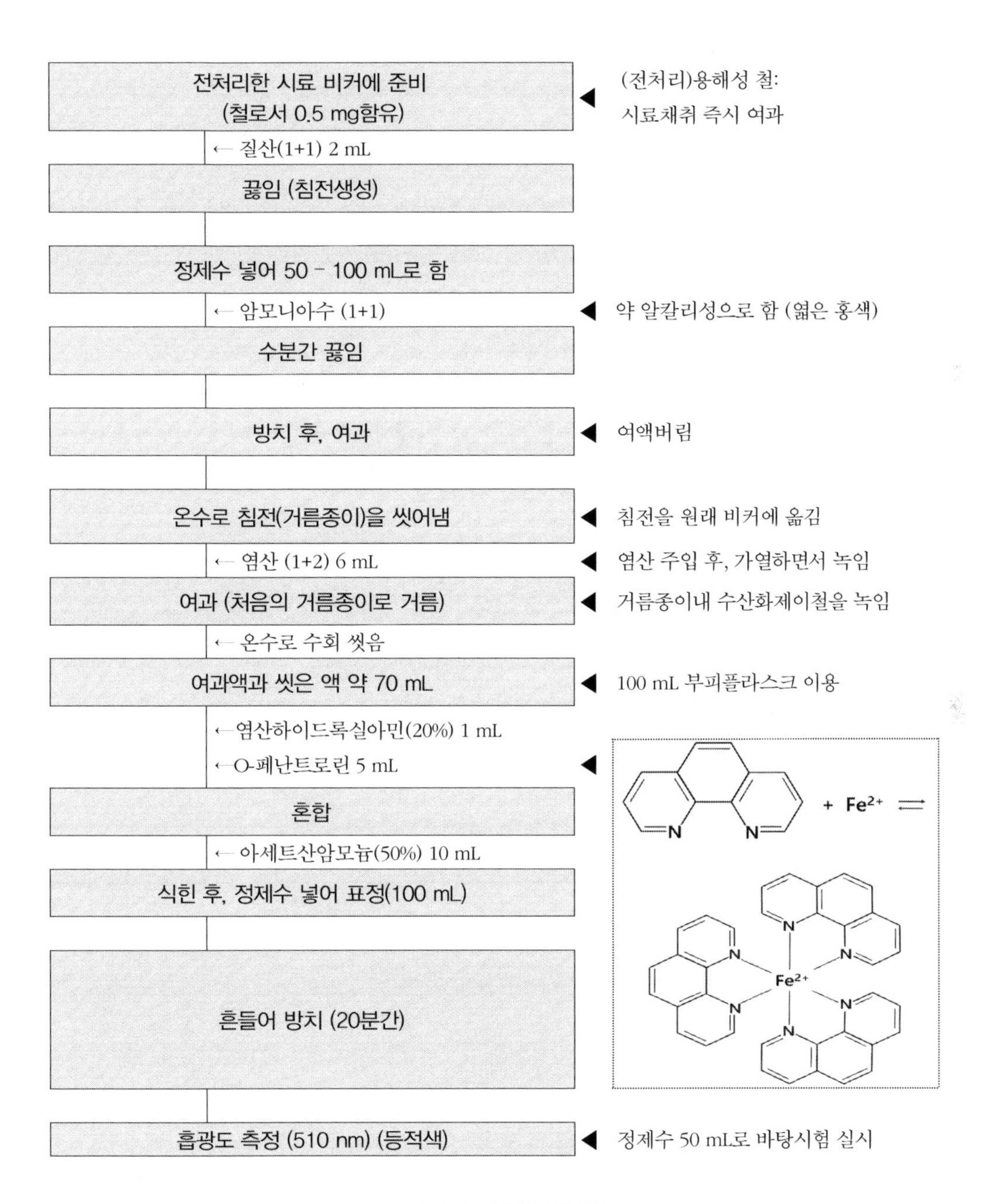
전처리한 시료 비커에 준비
(철로서 0.5 mg함유)
(전처리)용해성 철:
시료채취 즉시 여과
← 질산(1+1) 2 mL
끓임 (침전생성)
정제수 넣어 50 – 100 mL로 함
← 암모니아수 (1+1)
약 알칼리성으로 함 (엷은 홍색)
수분간 끓임
방치 후, 여과
여액버림
온수로 침전(거름종이)을 씻어냄
침전을 원래 비커에 옮김
← 염산 (1+2) 6 mL
염산 주입 후, 가열하면서 녹임
여과 (처음의 거름종이로 거름)
거름종이내 수산화제이철을 녹임
← 온수로 수회 씻음
여과액과 씻은 액 약 70 mL
100 mL 부피플라스크 이용
←염산하이드록실아민(20%) 1 mL
←O-페난트로린 5 mL
혼합
← 아세트산암모늄(50%) 10 mL
식힌 후, 정제수 넣어 표정(100 mL)
흔들어 방치 (20분간)
흡광도 측정 (510 nm) (등적색)
정제수 50 mL로 바탕시험 실시
N
+ Fe2+
Fe2+

[그림 1] 철 실험절차

2.8.6 검정곡선 작성

1) 철 표준용액(10 mg/L) 0-50 mL를 단계적으로 취하여 100 mL 부피플라스크에 넣고 염산(1+2) 6 mL를 넣어 제조한다.(바탕용액을 제외하고 3개 이상 제조) 이하 시료의 실험방법 7)번부터(정제수를 넣어 70 mL로 하고 이후 실험에 따라 진행) 시험한 후 용액의 일부를 10 mm 흡수 셀에 옮겨 510 nm에서 흡광도를 측정하고 철 표준용액의 농도와 흡광도와의 검정곡선(관계식)을 작성한다.

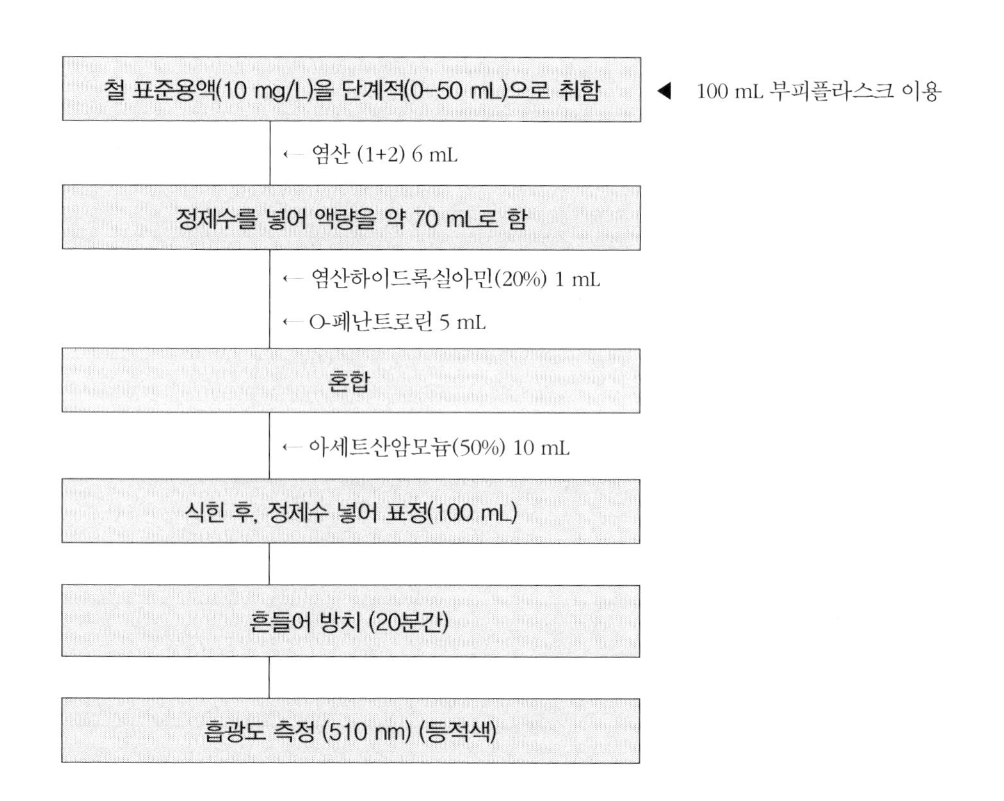

[그림 2] 철 검정곡선 작성 실험절차

2.8.7 농도계산

검정곡선 식 $y=ax+b$ (여기서, x(농도) = (y-b) / a)를 이용하여 시료의 철 농도를 계산한다.

$$\text{철 농도 (mg/L)} = (y-b) / a \qquad \text{(식 1)}$$

여기서, y : 시료의 흡광도
b : 검정곡선의 절편
a : 검정곡선의 기울기

[검정곡선 작성 및 철 농도 계산 예시]

예시 표준용액(10 mg/L) 5, 10, 20, 40 mL를 단계적으로 취하여 시험하고 다음의 흡광도 값을 얻었다. 다음 값을 이용하여 검정곡선식을 유도하고 철 농도를 계산하시오. 또한, 그래프도 작성하시오.

표준액 분취량 (mL)	흡광도
5	0.121
10	0.213
20	0.423
40	0.792
바탕실험액 (B)	0.014
미지시료 (50 mL로 실험)_2배희석	0.433

풀이 1) 표준액 분취에 따른 철 농도는 다음과 같이 각각 계산할 수 있음.

표준액 분취량 (mL)	암모니아성질소 농도(mg/L) (X)	흡광도	흡광도-B (Y)
5	$10mg/L \times \frac{5mL}{100mL} = 0.5mg/L$	0.121	0.107
10	$10mg/L \times \frac{10mL}{100mL} = 1.0mg/L$	0.213	0.199
20	$10mg/L \times \frac{20mL}{100mL} = 2.0mg/L$	0.423	0.409
40	$10mg/L \times \frac{40mL}{100mL} = 4.0mg/L$	0.792	0.778
바탕실험액 (B)		0.014	
미지시료		0.433	0.419

2) 철농도(X)과 흡광도(Y)값을 이용하여 직선식 Y=AX+B를 유도함. 엑셀프로그램 이용시 그래프 작성 및 관계식을 쉽게 구할 수 있음. 하지만, 수질기사(작업형) 시험시에는 직접 구해야 하므로 여기에서는 직접 관계식을 구하는 방법을 사용함.

직선식 Y=AX+B를 구하기 위해서는 아래표를 작성한 후, 다음의 식을 이용하여 A(기울기)와 B(y절편), R(상관계수)를 구해야함.

표준액(ml)	X (mg/L) (농도)	Y(흡광도) 보정값	XY	X^2	Y^2
5	0.5	0.107	0.0535	0.2500	0.0114
10	1	0.199	0.1990	1.0000	0.0396
20	2	0.409	0.8180	4.0000	0.1673
40	4	0.778	3.1120	16.0000	0.6053
Σ	7.5000	1.4930	4.1825	21.2500	0.8236

$$A=\frac{n\sum X\cdot Y-\sum X\sum Y}{n\sum X^2-\sum X\sum X}\qquad B=\frac{\sum X^2\sum Y-\sum X\sum XY}{n\sum X^2-\sum X\sum X}$$

$$R=\frac{n\sum XY-\sum X\sum Y}{\sqrt{[n\sum X^2-(\sum X)^2][n\sum Y^2-(\sum Y)^2]}}$$ 여기서, n은 표준액 개수임 (n=4)

위의 표에서 구한 ΣX, ΣXY, ΣY, ΣX^2 값을 윗 식에 대입하여 A, B, R 값을 구하면, A= 0.1924, B= 0.0124, R= 0.9996으로 계산됨. 따라서 검정곡선 Y= 0.1924 X + 0.0124임. 그래프는 철 농도 X 값과 흡광도 Y값(보정값)을 이용하여 아래와 같이 작성함.

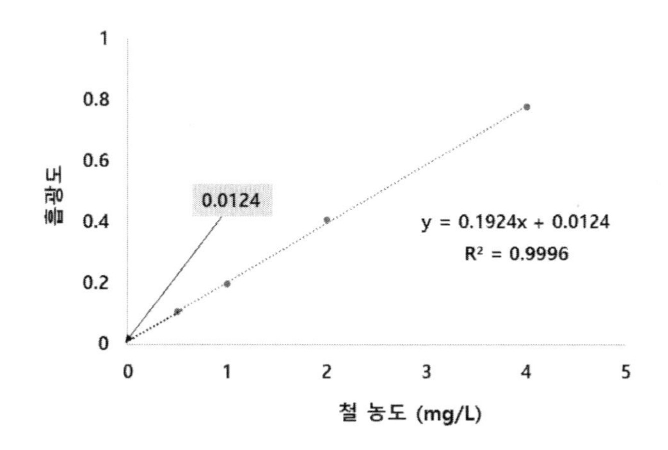

검정곡선 식 y=ax+b (여기서, x(농도) = (y-b) / a)를 이용하여 시료의 철 농도를 계산함. 미지시료의 흡광도(Y, 보정값)가 0.419일 때 철 농도를 구할 수 있음.

철 (mg/L) = (y-b) / a

식에 대입하면, (0.419-0.0124) / 0.1924 = 2.11 mg/L.
따라서, 미지시료의 철 농도 X= 2.11 × 2배 = 4.22 mg/L로 계산됨.

2.8.8 실험결과 보고

실험날짜	시료번호	채취장소	시료명	시료량 (희석배수) or 표준용액분취량 (mL)	흡광도

Eco-Mind 실험 시 발생하는 폐기물 발생량을 아래의 표에 적고, 수거 및 처리방법, 그리고 처리비용등에 대해 다 같이 알아봅시다.

( )조 폐기물 발생량 내역

실험항목: 날짜: 조원이름:

폐기물 성상 및 종류[1]	폐기물 발생량	상태[2]	비고

1) 폐액(폐산 및 폐알카리), 종이류, 유리류(초자류 등), 플라스틱류(시약접시등), 금속류 등으로 구분하여 작성할 것

2) 고체 및 액체등으로 구분하여 작성할 것

비고

알아보기

2.8.6 요약 및 개념문제

요약

◎ 철(Iron, Fe)의 측정원리

수중의 철 이온을 수산화제이철로 침전분리하고 침전을 염산에 녹여 염산하이드록실아민으로 제일철로 환원한 다음, o-페난트로린을 넣어 나타나는 등적색 철착염의 흡광도를 510 nm에서 측정.

◎ 철의 특징

- 거의 모든 토양속에서 상당한 양이 불용성 형태로 존재
- 자연수중 철은 암석 또는 토양에서 유래된 것으로 자철광(Fe_3O4), 황철광(FeS_2), 적철광(Fe_2O_3), 갈철광($Fe_2O_3 \cdot 3H_2O$), 능철광($FeCO_3$) 등이 환원되어 용출
- pH, 알칼리도 낮은 물, CO_2가 많은 물 등에서 용출이 쉬움.
- 지표수 철의 함량은 1.5 mg/L이하로 적고, 지하수는 비교적 많은 양의 철이 존재함.
- 철이 포함된 물은 공기에 노출되어 산소가 들어가면, 철이 Fe(III)로 산화되어 콜로이드 침전을 형성하여 혼탁도가 유발되고 미관상 좋지 않게 됨.
- 철은 세탁을 방해하며, 배관시설물에 얼룩을 내고, 철박테리아 성장으로 배수관망에 장애를 일으킴

[문제 1] 흡광광도법에 의한 철 시험시 사용되는 시약이 아닌 것은?

㉠ 아세트산암모늄 ㉡ 질산(1+1) ㉢ o-페난트로린 ㉣ 염산(2+1)

[문제 2] 흡광광도법으로 철측정시 염산하이드록실아민용액이 사용되는 이유는?

㉠ 환원 ㉡ 농축 ㉢ 산화 ㉣ 발색

• 정답 •

[1] ㉣ [2] ㉠

2.8.7 참고자료

1) 수질오염공정시험기준(환경부고시 제2017-4호), 환경부, http://www.me.go.kr (2017).

2) 수질오염공정시험기준주해, 최규철 외 9인 저, 동화기술 (2014), 5장.

3) 신편 수질환경 기사 · 산업기사, 이승원 저, 성안당 (2018).

4) Chemistry for environmental engineering and Science, $5^{th}ed$, C.N.Sawyer, P.L.McCarty, G.F.Parkin, McGraw Hill, Chap.27/ 번역본: 환경화학, 김덕찬 외 2인 역, 동화기술 (2005), 27장.

5) Standard Methods for the Examination of Water and Wastewater, $21^{th}ed$, APHA, AWWA, WEF (2005), Part 3500-Fe, "B. Phenanthroline Method".

6) US EPA Method 315B, EPA (1979), "Phenanthroline method".

2.9 염소이온

2.9.1 개요

염소이온(Cl^-)이란 수중에서 이온화 되어 있는 염소를 말한다. 염소이온은 주로 나트륨염(염화나트륨, NaCl) 형태로 존재하고 있으며, 칼륨염(염화칼륨), 칼슘염(염화칼슘) 형태로 자연계에 널리 분포되어 있다. 자연수중 염소이온은 약 30 mg/L정도 포함되어 있고, 생활하수, 분뇨, 산업폐수, 해수등에 존재한다. 적당한 농도의 염소이온은 사람에게 직접적인 해가 없지만, 음용수 중에 250 mg/L 이상 함유되어 있으면 짠맛을 내게 되어 불쾌감을 준다. 우리나라 먹는물 수질기준에서 염화이온 농도 한계를 250 mg/L로 정한 것도 이 때문이다.

염소이온은 불활성 물질로 형태의 변화 및 독성이 없으며, 생물학적으로도 분해가 잘 안되고 측정이 간편한 특징을 지닌다. 이러한 이유로 환경공학에서 염소이온을 지하수의 오염이나 반응조의 흐름 특성들을 파악하는 추적자(tracer)로 사용하기도 한다.

2.9.2 측정원리 및 적용범위

염소이온을 질산은과 반응시키고 과잉의 질산은이 크롬산과 반응하여 크롬산은의 침전으로 나타나는 점을 적정의 종말점으로 하여 염소이온의 농도를 측정하는 방법이다. 지표수, 지하수 등에 적용할 수 있으며, 정량범위는 0.7 mg/L이다.

Eco-Mind 실험 시 발생하는 폐기물 발생량을 아래의 표에 적고, 수거 및 처리방법, 그리고 처리비용등에 대해 다 같이 알아봅시다.

( )조 폐기물 발생량 내역 실험항목: 날짜: 조원이름:			
폐기물 성상 및 종류[1]	폐기물 발생량	상태[2]	비고

1) 폐액(폐산 및 폐알카리), 종이류, 유리류(초자류 등), 플라스틱류(시약접시등), 금속류 등으로 구분하여 작성할 것

2) 고체 및 액체등으로 구분하여 작성할 것

비고

알아보기

2.10.9 요약 및 개념문제

요약

◎ 클로로필 a (Chlorophyll-a) 측정원리 : 아세톤용액으로 클로로필 색소를 추출하고 추출액의 흡광도를 663, 645, 630 및 750 nm에서 측정하여 클로로필 a를 계산

◎ 클로로필 a의 계산 (mg/m³) $= \frac{(11.64X_1 - 2.16X_2 + 0.1X_3) \times V_1}{V_2}$

여기서, X_1 : OD663 - OD750　　X_2 : OD645 - OD750

X_3 : OD630 - OD750　　OD : 흡광도 (optical density)

V_1 : 상층액의 양 (mL)　　V_2 : 여과한 시료의 양 (L)

[문제 1] 수질오염공정시험기준에 나타나 있는 클로로필 a 양의 단위는 무엇인가?

㉠ mol/g　㉡ mL/L　㉢ mg/m³　㉣ 개체수/L

[문제 2] 클로로필 측정시 이용하는 파장이 아닌 것은 무엇인지 고르시오.

㉠ 630 nm　㉡ 645 nm　㉢ 673 nm　㉣ 750 nm

[문제 3] 클로로필-a 측정시 클로로필색소를 추출하는데 이용하는 용액은 무엇인가?

㉠ 클로로포름　㉡ 아세톤　㉢ 메틸알코올　㉣ 에틸알코올

• 정답 •

[1] ㉢　[2] ㉢　[3] ㉡

2.10.10 참고자료

1) 수질오염공정시험기준(환경부고시 제2017-4호), 환경부, http://www.me.go.kr (2017).

2) 수질오염공정시험기준주해, 최규철 외 9인 저, 동화기술 (2014), 3장.

3) 신편 수질환경 기사 · 산업기사, 이승원 저, 성안당 (2018).

4) Standard Methods for the Examination of Water and Wastewater, $21^{th}ed$, APHA, AWWA, WEF (2005), Part 10200, "H. Chlorophyll".

2.11 알칼리도 (Alkalinity)

2.11.1 개요

알칼리도(Alkalinity)는 물속에서 산을 중화할 수 있는 완충능력, 즉 pH의 큰 변화 없이 수중에 존재하는 수소이온을 중화하기 위해 반응할 수 있는 이온의 총량을 말한다. 일반적으로 알칼리도는 수중에 포함된 알칼리 성분이 중화할 때 필요한 산액(酸液)의 소비량을 구해 그 양을 탄산칼슘($CaCO_3$)으로 환산하여 나타낸다. 알칼리도 유발물질로는 수산화물(OH^-), 중탄산염(HCO_3^-), 탄산염(CO_3^{2-}) 등이 있으며, 자연수의 경우 대부분 중탄산염에 의한 알칼리도가 지배적이다. 하지만, 특정 조건에서는 자연수가 탄산염과 수산화물 알칼리도를 다량 포함 할 수도 있다. 이러한 현상은 특히 조류가 번식하고 있는 표면수에서 나타난다. 조류가 광합성에 의해 이산화탄소를 제거하면 알칼리도 형태가 탄산염이나 수산화물 형태로 바뀌면서 pH가 9-10까지 상승한다.

알칼리도는 0.02 N 황산(H_2SO_4)으로 적정 하여 측정하며, 특정 pH까지 적정 후 소모된 황산의 양을 등가의 탄산칼슘($CaCO_3$)으로 환산하여 나타낸다. 알칼리도 측정을 위해, 초기에 pH가 8.3이 넘는 시료에 대해 두 단계에 걸쳐 적정을 한다. 첫 번째는 pH가 8.3으로 될 때까지로 이때 페놀프탈레인 지시약은 분홍색에서 무색으로 바뀌며, 이를 페놀프탈레인 알칼리도라고 한다. 이 지점은 탄산 이온이 중탄산 이온으로 전환되는 당량점에 해당한다(식 1). 두 번째 단계에서는 pH가 4.5로 될 때까지이며, 이때 메틸오렌지 지시약이 적색으로 바뀌는 점이 메틸오렌지의 종말점이다. 이 단계는 중탄산 이온이 탄산으로 모두 전환되는 당량점과 일치하는 지점이며(식 2), 이를 총 알칼리도 또는 메틸오렌지 알칼리도라고 한다. 이처럼 알칼리도 측정시에는 pH 8.3과 4.5에서 변곡점이 나타나며, 이와 관련한 적정곡선은 [그림 1]과 같다.

$$CO_3^{2-} + H^+ \rightarrow HCO_3^- \quad \text{(식 1)}$$

$$HCO_3^- + H^+ \rightarrow H_2CO_3 \quad \text{(식 2)}$$

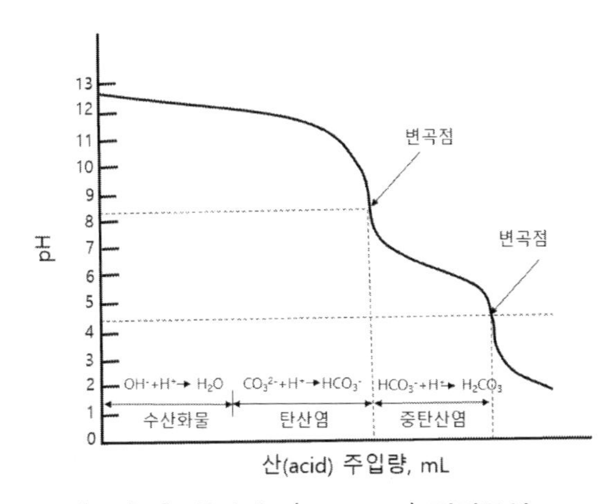

[그림 1] 알칼리도(Alkalinity) 적정곡선

[표 1] 탄산염용액에서 알칼리도의 정의

당량점 (equivalence)	양성자균형 (proton condition)	알칼리도 정의 (definition)
$pH_{H_2CO_3^*} = 4.5$	$[H^+] = [HCO_3^-] + 2[CO_3^{2-}] + [OH^-]$	총 알칼리도 (total alkalinity) $[HCO_3^-] + 2[CO_3^{2-}] + [OH^-] - [H^+]$
$pH_{HCO_3^-} = 8.3$	$[H^+] + [H_2CO_3] = [CO_3^{2-}] + [OH^-]$	탄산염 알칼리도 (carbonate alkalinity) $[CO_3^{2-}] - [OH^-] - [H_2CO_3^*] - [H^+]$
$pH_{CO_3^{2+}} \simeq 10.8$	$[H^+] + [HCO_3^-] + 2[CO_3^{2-}*] = [OH^-]$	가성 알칼리도 (caustic alkalinity) $[OH^-] - [HCO_3^-] - 2[H_2CO_3^*] - [H^+]$

2.11.2 측정원리

알카리성의 시료에 산을 넣어 4.5로 맞추는데 소모된 산의 양을 이에 대응하는 $CaCO_3$ mg/L으로 환산한다.

2.11.3 측정기기 및 기구

1) 뷰렛
2) 교반기

2.11.4 시약 및 용액

1) 페놀프탈레인 지시약:	페놀프탈레인 0.5g을 에탄올(50%)에 녹여서 100 mL를 만든다.
2) Bromcrosol-메틸레드 혼합지시약 (MR혼합 지시약)	Methylred 0.02g 및 bromocresol green 0.1g을 95% 에틸알콜 100mL에 넣고 녹인다.
3) 0.1 N 황산용액:	1 L 부피 플라스크에 정제수를 약 500 mL 이상 채우고 95% 황산용액 2.8 mL를 가한 후, 플라스크 표선까지 정제수를 가해 1 L로 만든다.
4) 0.02 N 황산용액:	0.1 N 황산용액 20 mL를 정제수에 넣어 100 mL로 만든다. (0.1 N 황산용액을 5배 희석해서 제조)

0.1 N 황산 제조 (비중 1.84, 순도 95% 황산용액 이용시)

$$= 0.1eq/L \times \frac{49g/eq}{1.84g/mL} \times \frac{100}{95} = 2.8 \text{ ml/L}$$

2.11.5 실험방법

1) 삼각플라스크에 시료 100 mL를 넣는다.

2) 페놀프탈레인 지시약을 약 2-3방울 넣는다 (무색이면 페놀프탈레인 알칼리도는 0임)

3) 색이 분홍색으로 변하면 무색이 될 때까지 0.02 N 황산용액으로 적정한다 → 주입량(A)

4) 시료 100 mL를 다시 준비하여 새로운 삼각플라스크에 넣는다.

5) MR혼합 지시약을 약 2-3방울 넣는다.
(청색으로 변하면 수산화물, 탄산염, 중탄산염 존재 의미)

6) 적자색이 나타날 때까지 0.02 N 황산용액으로 적정한다 → 주입량(B)

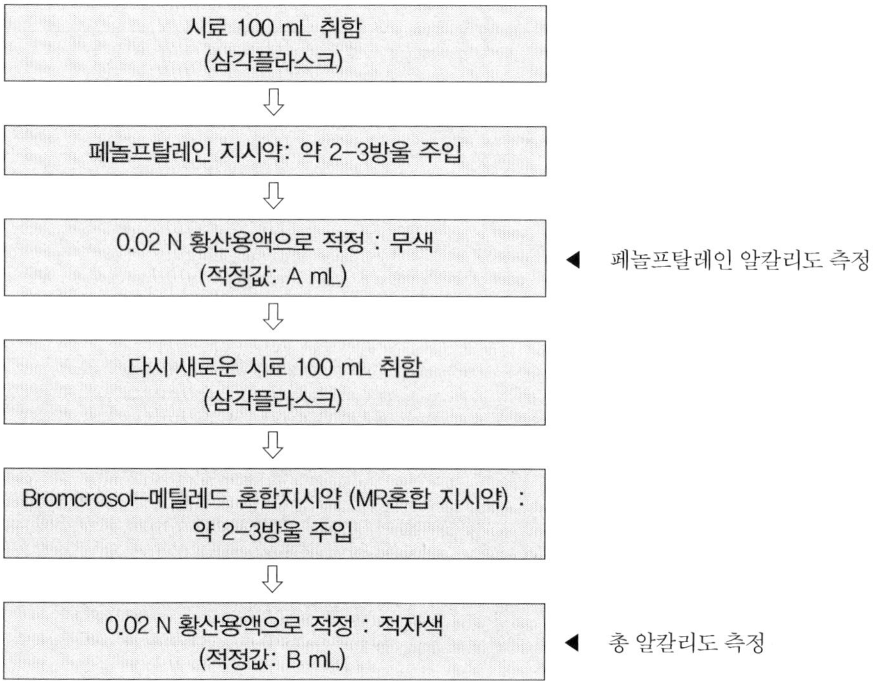

시료 100 mL 취함
(삼각플라스크)

⇩

페놀프탈레인 지시약: 약 2–3방울 주입

⇩

0.02 N 황산용액으로 적정 : 무색
(적정값: A mL) ◀ 페놀프탈레인 알칼리도 측정

⇩

다시 새로운 시료 100 mL 취함
(삼각플라스크)

⇩

Bromcrosol–메틸레드 혼합지시약 (MR혼합 지시약) :
약 2–3방울 주입

⇩

0.02 N 황산용액으로 적정 : 적자색
(적정값: B mL) ◀ 총 알칼리도 측정

[그림 2] 알칼리도 실험절차

2.11.6 농도계산

1) 페놀프탈레인 알칼리도 (mg/L as $CaCO_3$)

$$= \frac{A \times N \times 50,000}{V} = \frac{A \times 1,000}{V}$$

2) 총 알칼리도 (mg/L as $CaCO_3$)

$$= \frac{B \times N \times 50,000}{V} = \frac{B \times 1,000}{V}$$

여기서, A는 0.02 N 황산용액 적정값 A임. N은 황산의 규정농도(= 0.02 N)

B는 0.02 N 황산용액 적정값 B임. V는 시료량(mL)

2.11.7 실험결과 보고

실험 날짜	시료 번호	채취 장소	시료명	시료량(mL)	0.02 N 황산용액 적정량 (mL)	알칼리도

Eco-Mind 실험 시 발생하는 폐기물 발생량을 아래의 표에 적고, 수거 및 처리방법, 그리고 처리비용등에 대해 다 같이 알아봅시다.

(　　　)조 폐기물 발생량 내역

실험항목:　　　　날짜:　　　　조원이름:

폐기물 성상 및 종류[1]	폐기물 발생량	상태[2]	비고

1) 폐액(폐산 및 폐알카리), 종이류, 유리류(초자류 등), 플라스틱류(시약접시등), 금속류 등으로 구분하여 작성할 것
2) 고체 및 액체등으로 구분하여 작성할 것

비고

알아보기

2.11.8 요약 및 개념문제

요약

◎ 알칼리도(Alkalinity)는 산을 중화할 수 있는 완충능력을 말함

◎ 알칼리도 주요 유발물질 : 수산화물(OH^-), 중탄산염(HCO_3^-), 탄산염(CO_3^{2-})

◎ 알칼리도와 pH 관계

- pH 〉9 : 탄산염(CO_3^{2-}) 또는 수산화물(OH^-)에 의한 알칼리도가 지배적임
- pH≧7 : 중탄산염(HCO_3^-)에 의한 알칼리도가 지배적임
- pH〈 4 : 분자상태의 CO_2가 지배적임

◎ 알칼리도 측정

- 페놀프탈레인 알칼리도 측정 : 시료 100 mL, 페놀프탈레인 지시약, 0.02 N 황산으로 적정, 종말점은 무색
- 총 알칼리도 측정 : 시료 100 mL, 메틸오렌지 또는 MR 혼합 지시약, 0.02 N 황산으로 적정, 종말점은 적자색

[문제 1] 수중의 알칼리도와 관계 없는 물질은 무엇인가?

㉠ HCO_3^- ㉡ SO_4^{2-} ㉢ CO_3^{2-} ㉣ OH^-

[문제 2] pH가 8인 물에서 가장 많이 존재하는 알칼리도 물질은 무엇인가?

㉠ HCO_3^- ㉡ CO_2 ㉢ CO_3^{2-} ㉣ OH^-

[문제 3] pH가 10.3인 물 100 mL에 메틸오렌지 지시약을 넣고 0.02N 황산으로 적정하였더니, 9 mL가 소요되었다. 이 물의 총 알칼리도(mg as $CaCO_3$/L)는 얼마인지 계산하시오.

• 정답 •

[1] ㉡ **[2]** ㉠ **[3]** 90 mg as $CaCO_3$/L

2.11.9 참고자료

1) Chemistry for environmental engineering and Science, $5^{th}ed$, C.N.Sawyer, P.L.McCarty, G.F.Parkin, McGraw Hill, Chap.4&18/ 번역본: 환경화학, 김덕찬 외 2인 역, 동화기술 (2005), 4장&18장.

2) Standard Methods for the Examination of Water and Wastewater, $21^{th}ed$, APHA, AWWA, WEF (2005), Part 2320, "Alkalinity".

수질분석의 기초화학(3)

〈알카리도 분석과 탄산염 시스템〉

이산화탄소와 물만으로 이루어진 계를 고려할 때 닫힌(Closed)계에서 총 무기탄소(탄산염화학종) 양은 일정하며, 이 계에 존재하는 화학종은 $H_2CO_3^*$, HCO_3^-, CO_3^{2-}, H^+ 그리고 OH^- 다섯 개 이다. (여기서 $H_2CO_3^*$는 용존 CO_2와 탄산 H_2CO_3의 합이다) 이 평형계를 해석하여 다섯 화학종 농도를 알기 위해서는 다음과 같은 식들이 필요하다. 탄산염 화학종 총 탄산의 1차 및 2차 해리상수 Ka_1 및 Ka_2와 물의 이온곱 상수 Kw는 다음과 같고,

$$Ka_1 = \frac{[H^+][HCO_3^-]}{[H_2CO_3^*]} = 10^{-6.3} \quad \text{----- (1)}$$

$$Ka_2 = \frac{[H^+][HCO_3^{2-}]}{[HCO_3^-]} = 10^{-10.3} \quad \text{----- (2)}$$

$$Kw = [H^+][OH^-] = 10^{-14.0} \quad \text{----- (3)}$$

질량균형식에서 모든 탄산염 화학종의 합, 총 농도는 $TOTC=$

$$C_T = [H_2CO_3^*] + [HCO_3^-] + [CO_3^{2-}] = 10^{-3}M \quad (4)$$

양성자균형식은, 탄산시스템의 양성자 기준물이 $H_2CO_3^*$ 이므로,

$$[H^+] = [HCO_3^-] + 2[CO_3^{2-}] + [OH^-] \quad (5)$$

이 식들을 연립하여 정리하면 탄산염 화학종 H_2CO_3, HCO_3^-, CO_3^{2-}의 분포분율 $\alpha_0, \alpha_1, \alpha_2$를 구할 수 있으며, [그림]의 (a)는 pH에 따른 화학종들의 분포분율이다. 또한 [그림](b)는 화학종들의 농도(logC)를 pH 함수로 나타낸 것인데, 이는 식 (6),(7),(8)에서 쉽게 되며, pKa_1및 pKa_2 값 전 · 후 구간으로 나누어 그린 것이다. 그리고 [그림](c)는 이 닫힌 탄산염계에 대한 산-염기 적정 곡선이다.

$$\alpha_0 = [H_2CO_3^*]/C_T = 1/(1 + \frac{Ka_1}{[H^+]} + \frac{K_1K_2}{[H^+]^2}) \quad (6)$$

$$\alpha_1 = [HCO_3^-]/C_T = 1/(1 + \frac{[H^+]}{K_1} + 1 + \frac{K_2}{[H^+]}) \quad (7)$$

$$\alpha_2 = [CO_3^{2-}]/C_T = 1/(\frac{[H^+]^2}{K_1K_2} + \frac{[H^+]}{K_2} + 1) \quad (8)$$

알카리도를 측정할 때의 세 당량점 pH 10.8, 8.3 및 4.5는 적정곡선의 변곡점에 해당하며 각각 가성알카리도, 탄산염(페놀프탈레인)알카리도 및 총 알카리도를 정량하는 점이다. [그림 3]을 참조하면 세 pH값에서의 화학종 분포분율 및 화학종 농도의 관계를 이해할 수 있다.

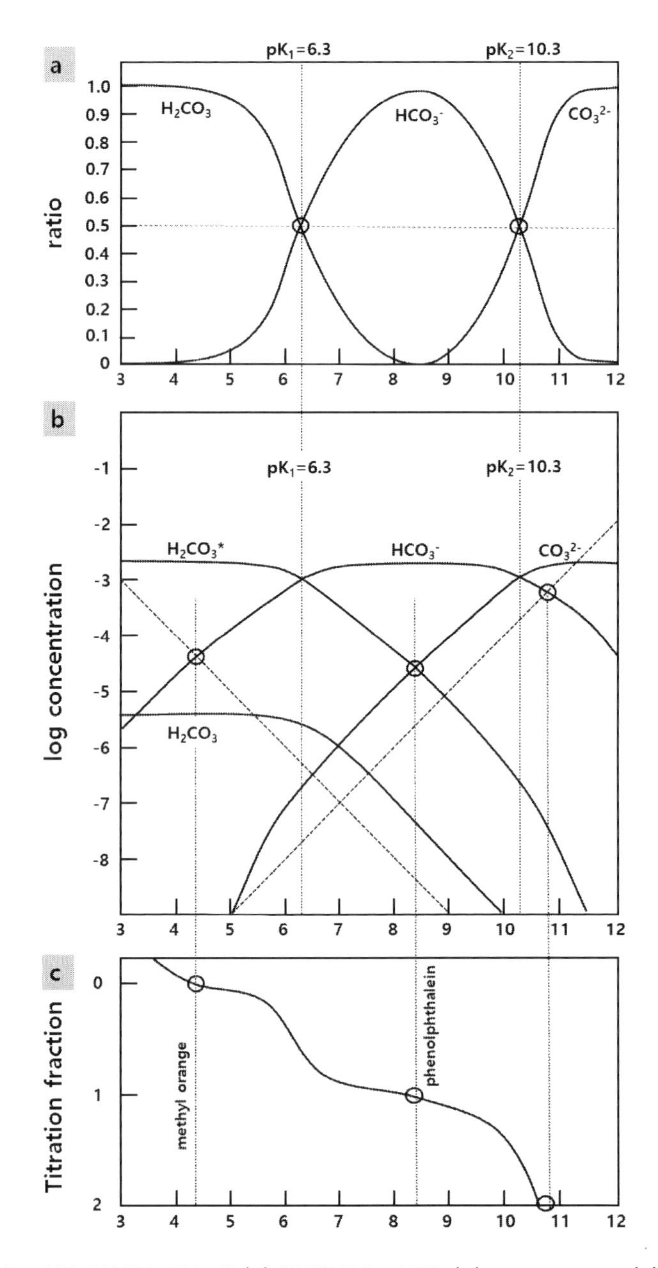

[그림 3] 닫힌 탄산염 시스템 (a) 화학종분포분율 (b) pC-pH도표 (c) 적정곡선

2.12 경도 (Hardness)

2.12.1 개요

경도(Hardness)는 물의 세기정도를 나타내는 것으로, 물속에 용해되어 있는 Ca^{2+}, Mg^{2+}, Fe^{2+}, Mn^{2+}, Sr^{2+}등 2가 양이온에 기인한다. 경도는 이러한 2가 양이온 등을 $CaCO_3$(mg/L)로 환산한 값으로 표시하며, 이중 Ca^{2+}, Mg^{2}은 중요한 경도 유발물질이다. 경도는 아래 식으로부터 계산가능하다.

$$\text{경도(mg/L as } CaCO_3) = \text{2가 양이온 농도(mg/L)} \times \frac{50}{\text{경도유발물질별 당량수}} \quad (\text{식 } 1)$$

경도는 탄산경도(일시경도)와 비탄산경도(영구경도)로 구분된다. 탄산경도는 끓임으로써 제거 가능한 경도로 일시경도라고도 하며, Ca^{2+}, Mg^{2} 등이 탄산염($CaCO_3$) 또는 중탄산염($Ca(HCO_3)_2$)으로 존재할 때 유발되는 경도이다. 이러한 물을 일시센물이라 하며 가열하여 연수화(softening)가 가능하다. 이와 반대로 비탄산경도는 끓여도 제거 될 수 없는 경도로 영구경도라고 하며, Ca^{2+}, Mg^{2} 등 2가 이온이 황산이온이나 염산이온과 결합하여 유발되는 경도($CaSO_4$, $MgSO_4$, $MgCl_2$ 등)를 말한다. 이러한 물을 영구센물이라 하며, 끓여도 연수화가 되지 않는다. 총 경도는 일시경도인 탄산경도와 영구경도인 비탄산경도의 합을 의미한다.

그리고 물은 경도의 함량에 따라 다음 [표 1]과 같이 연수 또는 경수로 분류 할 수 있으며, 이 값을 통해 경도에 따른 수질 판정이 가능하다. 물의 경도는 대부분이 접촉하고 있는 토양과 암석층으로부터 발생된다. 다시 말해, 빗물이 토양등을 통과하면서 이산화탄소와 만나 탄산을 형성하고 탄산이 불용성 탄산염을 가용성의 중탄산염으로 전환시켜 발생된다.

[표 1] 경도 함량에 따른 수질판정

분류	경도 (mg/L as $CaCO_3$)
연수 (단물)	0-75
약한 경수	75-150
경수 (센물)	150-300
강한 경수	300 이상

경도가 높은 물은 세정작용 시 방해(거품을 내는데 많은 양의 비누가 소모)가 되며, 경수로 인한 세제의 다량사용은 부영양화의 원인이 될 수 있다. 또한 경도물질은 산 이온과 결합, 영구경도를 형성하고 관 내부에 Scale을 형성하여 열전도율을 감소시키거나 침전물로 인해 관을 폐쇄시키기도 한다. 이와 같은 문제로 센물(경도가 높은 물)의 경도를 제거할 필요가 있으며 이를 연수화(물속의 경도 유발물질(Ca^{2+}, Mg^{2+} 등)을 제거하여 연수(軟水)로 전환)라고 한다. 물의 연수화 방법으로는 석회 소다회 처리(Lime-Soda Ash treatment), 가성소다 처리(Caustic Soda[NaOH]), 이온교환법(Ion-Exchange process) 등이 있다.

2.12.2 측정원리

EDTA용액으로 적정하여 이와 대응하는 경도유발물질의 양을 $CaCO_3$ mg/L으로 환산한다.

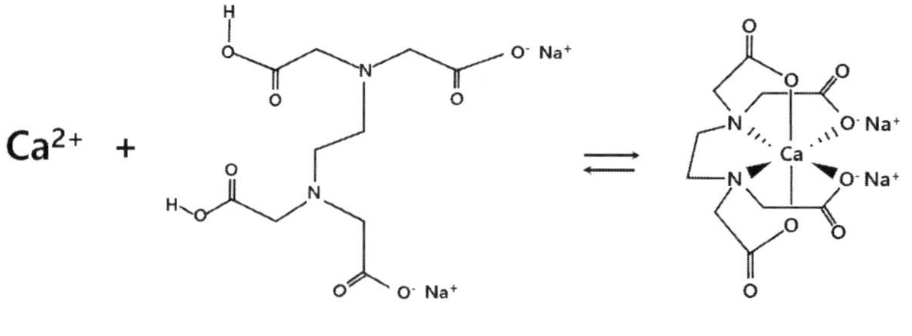

2.12.3 측정기기 및 기구

1) 교반기

2) 뷰렛

2.12.4 시약 및 용액

1) 완충용액: NH_4Cl 16.9 g을 진한 NH_4OH 용액 143 mL에 녹이고, 여기에 1.25 g의 Na_2EDTA를 넣고 정제수로 가해 250 mL로 만든다. 폴리에틸렌병에 보관한다. (pH 10으로 조정하기 위해 사용)

2) EBT 지시약: 0.5 g의 EBT (Eriochrome B.T)와 염화히드록실아민(NH_2OHHCl) 4.5g을 에탄콜(95%)에 녹여 100 mL로 한다.

3) EDTA 적정 용액, 0.02 N : 정제수에 Na_2EDTA 3.723 g을 녹여 1 L로 한다. (1.00 mL = 1 mg $CaCO_3$)

2.12.5 실험방법

1) 전처리(여과 등)가 끝난 시료 50 mL를 250 mL 크기의 삼각플라스크에 넣는다.

2) 완충용액 1-2 mL를 첨가하여 pH 10 내외로 조절한다.

3) EBT 지시약을 1-2 방울 넣고 혼합한다.(붉은색)

4) 교반기위에서 교반하면서, EDTA 적정용액으로 적정한다.

5) 시료의 색이 청색으로 변할 때가 종말점이다.

시료 50 mL 취함
(250 mL 삼각플라스크)

⇩

완충용액 첨가 (1–2 방울)

⇩

EBT 지시약 첨가 (1–2 방울) ⇦ 붉은색으로 변함

⇩

EDTA 적정용액으로 적정 (청색)

[그림 2] 경도 실험절차

2.12.6 농도계산

$$경도(EDTA) = \frac{A \times B \times 1,000}{mL\ sample}\ as\ mg\ CaCO_3/L$$

여기서, A : mL titrant B : 1mL EDTA에 대한 $CaCO_3$ 비율 (=1.0)

2.12.7 실험결과 보고

실험 날짜	시료 번호	채취장소	시료명	시료량(mL)	EDTA 적정량 (mL)	경도

Eco-Mind 실험 시 발생하는 폐기물 발생량을 아래의 표에 적고, 수거 및 처리방법, 그리고 처리비용등에 대해 다 같이 알아봅시다.

( )조 폐기물 발생량 내역

실험항목: 날짜: 조원이름:

폐기물 성상 및 종류[1]	폐기물 발생량	상태[2]	비고

1) 폐액(폐산 및 폐알카리), 종이류, 유리류(초자류 등), 플라스틱류(시약접시등), 금속류 등으로 구분하여 작성할 것

2) 고체 및 액체등으로 구분하여 작성할 것

비고

알아보기

2.12.8 요약 및 개념문제

요약

◎ 경도(Hardness)는 물의 세기정도를 나타냄.

◎ 경도 유발물질: 물속에 용해되어 있는 금속원소의 2가 양이온(Ca^{2+}, Mg^{2+}등).

◎ 경도는 탄산경도(일시경도)와 비탄산경도(영구경도)로 구분됨.

◎ 총 경도는 탄산경도와 비탄산경도의 합을 의미함.

◎ 경도(mg/L as $CaCO_3$) = 2가 양이온 농도(mg/L) $\times \frac{50}{\text{경도유발물질별 당량수}}$

◎ 경도 함량에 따른 수질판정

- 연수 (단물): 0-75 mg/L as $CaCO_3$ -약한 경수: 75-150 mg/L as $CaCO_3$
- 경수 (센물): 150-300 mg/L as $CaCO_3$ -강한 경수: 300 mg/L as $CaCO_3$ 이상

◎ 연수화 방법 (경도 제거): 석회 소다회 처리, 이온교환법 등

◎ 경도 측정방법 : EDTA 법 (지시약: EBT, 적정용액: EDTA, 종말점: 붉은색→청색)

[문제 1] 물의 경도를 유발하는 물질에 대해 쓰시오.

[문제 2] 칼슘(Ca) 등과 결합하여 영구경도를 조성하는 것은 다음 중 무엇인가?

㉠ HCO_3^- ㉡ SO_4^{2-} ㉢ CO_3^{2-} ㉣ OH^-

[문제 3] 경도 측정시(EDTA 법) 지시약, 적정용액 및 종말점에서의 색변화에 대해 쓰시오.

[문제 4] 수질검사 결과 Na^+ 10 mg/L, SO_4^{2-} 15mg/L, Cl^- 30mg/L, Ca^{2+} 30 mg/L, Mg^{2+} 24 mg/L 로 분석되었다. 이 물의 경도를 구하고 경도에 따른 수질 판정을 하시오.

• 정답 •

[1] ① Ca^{2+}, Mg^{2+}, Fe^{2+}, Mn^{2+}, Sr^{2+}등 2가 양이온

[2] ㉡

[3] 지시약: EBT, 적정용액: EDTA, 종말점: 붉은색→청색

[4] 175 mg/L as $CaCO_3$, 센물임

2.12.9 참고자료

1) Chemistry for environmental engineering and Science, $5^{th}ed$, C.N.Sawyer, P.L.McCarty, G.F.Parkin, McGraw Hill, Chap.19/ 번역본: 환경화학, 김덕찬 외 2인 역, 동화기술 (2005), 19장.

2) Standard Methods for the Examination of Water and Wastewater, $21^{th}ed$, APHA, AWWA, WEF (2005), Part 2340, "Hardness".

박운지
- 강원대학교 환경공학과 공학박사
- (현) 동성엔지니어링(주) 기술진단사업부
- (현) 강원대학교 환경공학과 강사

이동석
- 뮌헨공과대학교 화학생물지질학부 이학박사
- (현) 강원대학교 환경공학과 교수

실험실습과 수질환경 기사시험을 대비한 **대학 수질분석 실험**

1판 1쇄 발행 2018년 03월 20일
1판 3쇄 발행 20224 02월 24일
저 자 박운자·이동석
발 행 인 이범만
발 행 처 **21세기사** (제406-2004-00015호)
경기도 파주시 산남로 72-16 (10882)
Tel. 031-942-7861 Fax. 031-942-7864
E-mail : 21cbook@naver.com
Home-page : www.21cbook.co.kr
ISBN 978-89-8468-752-3

정가 16,000원